装配式混凝土建筑全过程实施指南

刘　杨　主编

中国建筑工业出版社

图书在版编目（CIP）数据

装配式混凝土建筑全过程实施指南/刘杨主编. —北京：
中国建筑工业出版社，2019.12
ISBN 978-7-112-24466-9

Ⅰ.①装… Ⅱ.①刘… Ⅲ.①装配式混凝土结构-建
筑施工-指南 Ⅳ.①TU37－62

中国版本图书馆 CIP 数据核字（2019）第 248307 号

责任编辑：何玮珂
责任设计：李志立
责任校对：党　蕾

装配式混凝土建筑全过程实施指南

刘　杨　主编

＊

中国建筑工业出版社出版、发行(北京海淀三里河路 9 号)

各地新华书店、建筑书店经销

北京红光制版公司制版

北京建筑工业印刷厂印刷

＊

开本：787×960 毫米　1/16　印张：9½　字数：135 千字
2019 年 12 月第一版　2020 年 4 月第二次印刷
定价：**40.00** 元
ISBN 978-7-112-24466-9
（34964）

版权所有　翻印必究

本书编委会

主　　编：刘　杨

副 主 编：王力勇　高玉亭　张慧杰　夏　阳　潘志忠
　　　　　周　杰　张　超　王天鹏

编写人员：郎宇飞　刘裕林　于　耀　刘贤龙　张慧超
　　　　　代建雄　刘　宴　涂笑衍　张　雷　潘网明
　　　　　陈红兵　赵　娜　刘　涛　刘　贝　林秋宽
　　　　　于显峰　汤耀文　胡勇军　张　伟　蔡志赢
　　　　　段　科　赵　航

审查人员：刘　杨　高玉亭　张慧杰　夏　阳　潘志忠
　　　　　周　杰　张　超　王天鹏　张成林　姜福华

编写单位：深圳市建工集团股份有限公司

前　　言

随着我国经济进入新常态，供给侧结构性改革也步入了加速推进阶段，在这个新的时期，传统建筑业"粗放"、高耗能、高污染的建造模式亟待转型。在建造中如何降低建造能耗与污染，科学、高效地组织施工流程，成为新时代建筑行业需要重点思考的问题。装配式建筑因其节能、环保、高效，可标准化、工厂化生产，成为当前各方关注的交点。《中共中央　国务院关于进一步加强城市规划建设管理工作的若干意见》（中发［2016］6号）提出，力争用10年左右时间，使装配式建筑占新建建筑面积的比例达到30％。

装配式建筑作为新生事物，其核心在于构件装配及综合的全过程组织设计，这与传统的建造模式中的组织设计存在本质性的差异。各地在推进装配式建筑项目时，由于施工技术不成熟、经验积累不足、相关机具准备不够充分等因素，常出现建筑工期、建筑质量受影响的问题。

在此背景下，编制单位结合深圳市建工集团股份有限公司装配式建筑项目的实施经验，以现行的国家和地方的标准规范、图集等作为编制依据，编制了《装配式混凝土建筑全过程实施指南》，涵盖了装配式混凝土建筑施工过程中的"预制构件厂选定"、"装配式混凝土建筑设计认定"、"构件拆分与深化设计"、"构件生产"、"构件安装技术"、"检测与验收"等多个内容。旨在为首次实施装配式混凝土建筑的相关单位提供经验参考与借鉴，帮助行业范围内的其他单位更好地了解装配式建筑施工工艺。本书着重说明了工程实施前期深化设计注意事项、现场实施标准做法及质量控制要点，并针对装配式建筑实施过程中常见的问题提出了具体的防控措施，为装配式混凝土建筑各阶段的实施提供技术指导和规范依据。

　　本书编写过程中，搜集了大量资料，参考了当前国家施行的设计、施工、检验和生产标准，并汲取了多方研究的精华，引用了有关专业书籍的部分数据和资料。不过由于时间仓促和能力所限，书中内容必然存在疏漏。特别是在当前我国装配式建筑产业发展迅速，相应的标准规范、数据资料以及相关技术都在不断推陈出新，加上各地政府的管理措施、装配式建筑体系、装配式建筑的评价标准上的不同导致施工手段也不尽相同。因此，若是在阅读过程中发现有不足乃至错误之处，也恳请读者提出宝贵的意见与建议。最后，在此向参与本书编撰以及对本书内容有所帮助的各级领导、专家表示最诚挚的感谢！

目 录

1 装配式建筑施工工作流程

1.1 实施流程

预制构件厂的考察、选定→各方图纸深化→构件加工→过程验收→进场验收→项目实施→项目验收

1.1.1 预制构件厂考察、选定

考察工作应由集团总部招采中心组织，技术中心、工程管理中心等部门参与，集团所属各项目应从供应商库中选择预制构件供应商。

考察预制构件供应商，重点考察其运营团队、深化设计能力、劳务队伍情况、构件信息管理平台、生产效率的保证措施、生产线情况及企业标准，同时应考虑运输距离。

1.1.2 各方图纸深化

项目设计阶段确认设计单位施工图纸（建筑、结构、机电专业）作为各方图纸深化的依据，同时开展构件加工图深化、铝合金模板图纸深化以及爬架方案深化，并配合精装方案进行调整，各方进行深化工作时应协同进行，确保各方信息对等、深化依据准确无误。

1.1.3 过程验收

过程验收包括驻厂验收、模具验收、首件验收、构件出厂验收，过程验收应以驻厂验收为主，在驻厂验收过程中重点检查构件质量及相关原材料检测资料、产品质量合格证明文件。

1.1.4 进场验收

构件进场验收主要内容：构件类型、几何尺寸、构件外观质量、数量及相关资料。

1.1.5 项目实施

项目实施包括：构件安装、钢筋绑扎、验收、混凝土浇筑等工序。

1.1.6 项目验收

单位工程完工后，施工单位应自行组织有关人员进行检查评定，并向建设单位提交工程验收报告。建设单位收到工程报告后，应由建设单位项目负责人组织施工（含分包单位）、设计、监理、勘察等单位进行单位工程验收。

1.2 工作分工

1.2.1 建设单位根据装配式建筑工程的特点，总体协调各项工作。在工程建设的全过程中，建设单位承担装配式建筑设计、预制构件生产、施工等各方之间的综合管理协调责任，建立各单位协同合作工作机制。

1.2.2 设计单位负责项目全专业施工图设计，针对各专业分包单位深化方案进行校核。

1.2.3 总承包单位组织各分包单位进行各自专业（构件供应商、铝合金模板供应商、爬架供应商等）的相关深化设计工作，并对深化图纸进行核查，项目实施阶段负责对各专业分包单位进行统筹。

1.2.4 构件供应商负责构件图纸深化、构件生产与运输。

1.2.5 铝合金模板单位、爬架单位、预制内隔墙板生产单位各自开展深化工作、现场安装工作。

1.3 专项施工方案

编制专项施工方案，方案包括以下内容：

1 编制依据及说明：编制所需合同文件、图纸及技术资料，相关法律法规及标准规范。

2 工程概况：包含项目规模，构件类型、数量等信息。

3 施工部署：项目总体施工顺序，吊装方案等内容。

4 施工准备：技术方案、劳动力、材料等准备工作，结合构件重量着重考虑塔吊选型与布置方案，塔吊须有效覆盖构件堆场、施工区域、卸货区域。

5 支撑方案：预制构件临时支撑方案、支撑预埋件平面布置等方案。

6 构件运输方案：场外与场内运输路线规划方案。

7 钢筋避让安装方案：叠合楼板外伸钢筋与现浇梁、剪力墙等部位钢筋的施工顺序及避让方案。

8 模板方案：模板施工顺序，与预制构件穿插施工方案。

9 PC构件吊装方案：按构件类型进行说明，包括吊装方案、吊装顺序、吊装工具的选型及注意事项。

10 混凝土浇筑方案：包含布料机选型、位置确定、混凝土浇筑顺序及浇筑方案等内容。

11 质量保证措施：包括施工质量组织措施、管理措施及质量控制内容。

12 安全保证措施：包括安全目标、安全组织机构职责、安全管理措施及安全技术措施。

13 计算书：计算书除常规需计算的内容外，还需要增加吊具、钢丝绳等配件的受力计算内容。若预制构件堆放在地下室顶板等结构板面上时，还需编制结构回顶方案。

2 预制构件厂选定

2.1 选定范围

2.1.1 首选单位入库供应商,单位分公司或项目部可向本单位招采中心推荐构件供应商,报单位组织考察,经考察通过后,可进行入库工作。

2.1.2 深入了解同类型项目业绩,有类似项目实施经验者优先考虑。

2.1.3 集团供应商库内,供应范围 150km 以内,综合考虑交通情况、道路限行情况、构件运输时间是否满足施工需求。

2.2 考察内容

2.2.1 预制构件厂的相关业绩、口碑

构件厂与承接同类型工程业绩情况,行业口碑情况。

2.2.2 运营团队

了解管理人员及产业工人人数,了解人员组成情况。

2.2.3 深化设计能力

1 设计人员人数、学历、职称情况。

2 深化工作流程、深化周期。

2.2.4 吊装劳务情况

自有吊装劳务队伍及业绩情况,自有劳务与外包劳务的比例。

2.2.5 构件信息管理系统

通过二维码读取的构件信息是否齐全、准确;构件是否内置 RFID 芯片,现场通过扫码枪读取的信息是否齐全、准确。

2.2.6 生产线情况（表 2.2.6）

表 2.2.6 各类型生产线考察内容

序号	生产线类型	考察内容
1	自动化构件生产线	1. 设备品牌、型号、产地及产能 2. 操作工人数量 3. 生产工艺流程
2	钢筋生产线	1. 设备品牌、型号、产地及产能 2. 原材料供应情况 3. 操作工人数量、生产流程
3	异形构件生产线	1. 设备品牌、型号、产地及产能 2. 操作工人数量、生产流程
4	混凝土生产线	1. 设备品牌、型号、产地及产能 2. 原材料供应情况 3. 操作工人数量、生产流程

2.2.7 构件的存放及运输

1 构件存放情况，堆放场地面积、现场存储工装系统。

2 构件运输情况，运输车辆情况及构件固定措施。

2.2.8 生产线效率保证措施

构件生产计划在相对饱和的情况下，制定专门的措施（例如优先供给或提前储备等措施）确保构件按计划正常供应，避免影响项目正常实施。

2.2.9 企业标准及应用情况

了解企业标准的具体内容，在构件深化、制作、存放、运输等环节企业标准贯彻执行的程度。

2.3 合同内容

2.3.1 构件厂合同

合同条款应包含以下内容：

1 承包范围；

2 工期；

3 质量保证措施；

4 明确图纸会审时间、深化设计及生产周期；

5 阶段性资金付款比例；

6 现场技术支持服务内容；

7 确保原材料检测资料齐全有效；

8 信息化系统配套设备及使用培训；

9 技术、质量标准；

10 验收标准。

2.3.2 劳务合同

合同条款应包含以下内容：

1 工程承包范围及内容；

2 工期；

3 承包方式；

4 现场准备工作；

5 安装资质证书；

6 吊装人员配置及资格证要求；

7 吊装工具与设备约定；

8 现场准备工作；

9 安装技术要求、预留预埋；

10 质量标准；

11 安全文明施工；

12 安全风险条款；

13 工程量计算规则与价款调整、付款条款；

14 竣工验收及施工配合；

15 工程保修。

3 装配式建筑设计认定

3.1 装配式建筑认定标准

根据《深圳市住房和建设局 深圳市规划和国土资源委员会关于做好装配式建筑项目实施有关工作的通知》(深建规〔2018〕13号)附件1(深圳市装配式混凝土建筑评分规则)所示,评分及技术项包括标准化设计、主体结构、围护墙和内隔墙、装修和机电以及信息化应用,在满足各技术项最低分值要求的前提下,技术总评分不低于50分的可以认定为装配式建筑(表3.1)。

技术总评分=(各技术项实际得分总和)÷(100−缺少项分值总和)×100+加分项得分。

表 3.1 深圳市装配式混凝土建筑技术评分

技术项		技术要求	得分	最低分值
标准化设计 (5分)	＊户型标准化	标准化户型应用比例≥80%,或单一户型比例≥60%	2	—
	构件标准化	60%≤标准化构件应用比例≤80%	1~3	1
主体结构 (40分)	竖向构件	① 35%≤竖向构件比例≤80%; ② 5%≤竖向构件比例＜35%,非预制构件部分应采用装配式模板工艺	①10~20 ②10~15	20
	水平构件	① 70%≤水平构件比例≤80%; ② 10%≤水平构件比例＜70%,非预制构件部分应采用装配式模板工艺	①10~15 ②5~15	
	装配化施工	共3项,按满足项数评分	1~5	—

续表 3.1

技术项		技术要求	得分	最低分值
围护墙和内隔墙（25分）	外墙非砌筑、免抹灰	80％≤外墙非砌筑、免抹灰比例≤100％	5～8	5
	外墙与装饰、保温隔热一体化	共5项，按满足项数评分	1～5	—
	内隔墙非砌筑、免抹灰	70％≤内隔墙非砌筑、免抹灰比例≤100％	5～7	5
装修和机电（25分）	全装修	按满足项数评分	6	6
	＊集成厨房	共3项，按满足项数评分	1～4	—
	集成卫生间	共4项，按满足项数评分	1～8	—
	干式工法	共4项，按满足项数评分	1～4	—
	机电装修一体化、管线分离	共3项，按满足项数评分	2～5	—
	＊穿插流水施工	按满足项数评分	3	—
信息化应用（5分）	BIM应用	按建设各阶段BIM应用情况评分	1～3	1
	信息化管理	按建设各阶段信息化管理情况评分	1～2	—

注：1 插值法计算比例时，四舍五入，计算结果取小数点后1位。

2 表中带"＊"项根据不同建筑类型可为缺少项，可扣减该技术项的最高得分，具体详见装配式混凝土建筑技术评分细则。

3.2 配合认定的相关工作

3.2.1 总承包单位公司总工程师、项目技术负责人、装配式主管工程师应深入、全程参与装配式建筑的认定工作，并配合建设单位、设计院对方案进行修改及完善。根据设计方案编制项目实施方案，针对项目实施难点提出解决方案。

3.2.2 实施方案主要内容

1 施工总平面布置和施工计划；

2 预制构件生产和运输；

    3 预制构件吊装与安装；

    4 预制内隔墙板施工；

    5 其他装配式施工；

    6 新技术、新材料、新设备、新工艺等相关技术的应用情况。

3.2.3 总承包单位需针对项目特点进行总平面布置、塔吊选型。

3.2.4 总承包单位负责联系铝合金模板、爬架、预制内隔墙板等专业分包单位配合编制技术认定方案，对施工图纸提出修改及优化建议。装配式建筑认定会上各专业单位负责各自专业问题的答疑。

4 构件拆分与深化设计

4.1 构件拆分

构件拆分应遵循少规格、多组合的原则，同时应考虑以下内容：

1 受力合理性；

2 构件制作、运输及吊装的要求；

3 配筋构造的要求；

4 构件连接和安装施工的要求；

5 标准化设计的要求。

4.1.1 剪力墙的拆分

1 为便于构件生产、运输、降低现场吊运成本，预制剪力墙宜全部拆分为一字形，单个构件重量一般不大于 5t，且控制单个剪力墙的预制长度不超过 4m。

2 剪力墙竖向拼缝现浇部分的长度宜大于 400mm，有利于钢筋绑扎施工及混凝土的振捣，现浇部分宜做成一字形。

4.1.2 结构柱的拆分

设计中柱多按层高拆分为单节柱，以保证柱垂直度的控制调节，简化预制柱的制作、运输及吊装，保证质量。当层高较高时，柱也可以拆分为多节柱，但多节柱的脱膜、运输、吊装、支撑比较困难，且吊装过程中钢筋连接部位易变形，故需采取专门的措施进行控制。

4.1.3 叠合楼板的拆分

1 原则上在一个房间内进行等宽拆分，板宽度不大于 2500mm（最大宽度 3000mm），以方便卡车运输。

2 楼板拆分方案要考虑房间照明位置，避免灯位设置在板缝处。

　　3　一般情况下电梯前室部位楼板机电线管较为密集，管线布置困难，此处楼板可以设计为现浇结构。

　　4　卫生间、厨房等有防水要求的房间楼板，宜采用现浇结构。

4.1.4　外挂墙板的拆分

　　外挂墙板是装配式混凝土结构上的非承重外围护挂板，其拆分仅限于一个层高和一个开间。外挂墙板的几何尺寸需考虑施工、运输等条件，重量不宜超过 5t。当构件尺寸过长过高时，主体结构层间位移对其内力的影响也较大。外挂墙板拆分的尺寸应根据建筑立面的特点，墙板接缝位置应与建筑立面方案相对应，既要满足墙板的尺寸控制要求，又将接缝构造与立面要求结合起来。

4.1.5　叠合梁的拆分

　　1　剪力墙结构连梁和框架梁一般控制其跨度不大于 8m。

　　2　主次梁交接时，最好是次梁预制主梁现浇，如果主次梁均预制，宜采用钢筋套筒连接，连接部位设置在次梁，次梁在地震作用下无延性要求，套筒位置不受限制。

4.2　深化设计

　　深化设计主要包括以下内容：

　　1　通过预制构件中机电设备的综合管线设计，保证构件中的水电预留、预埋位置、数量准确无误，满足洞口加强筋、止水措施等构造要求。

　　2　预制构件的连接节点设计，包括纵向构件的钢筋连接方式。

　　3　预制构件的吊装工具与配件的设计与验算，包括吊装工具的选型、配套卡环、钢丝绳等配件的受力计算。

　　4　预制构件与现浇节点模板的构造设计，预制构件上与现浇部位相接位置的螺杆眼须与模板上预留的螺杆眼位置保持一致。

　　5　预制构件的支撑体系受力计算，包括支撑立杆的位置、间距，预制构件斜撑的位置、间距等内容。

6 大型机械及工具式脚手架与结构的连接固定点的设计及受力验算以及构件各种工况的安装施工验算。

4.2.1 预留预埋深化设计

1 吊环预埋深化设计

预制构件预埋吊环应根据构件类型、受力计算结果确定吊环位置和吊环规格。叠合板通过设计核算受力情况，可利用桁架筋代替原有叠合板上单独设立的吊环，生产叠合板时可减少一道预埋吊环的工序，降低制造成本（图4.2.1）。

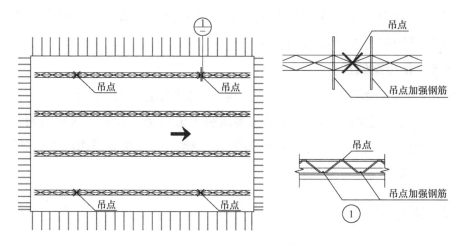

图 4.2.1 叠合板吊点深化图（示例）

2 烟风道孔洞预留深化设计

烟风道在叠合板上的预留洞口尺寸比烟风道的外轮廓尺寸大50mm及以上，便于现场安装。

3 脚手架及塔吊连接件预留孔洞深化设计

在预留孔洞深化设计过程中，需要与设计、爬架及塔吊厂家协商，解决预制外墙受力问题、预留孔洞位置准确、预留孔洞与墙体内钢筋或其他专业预埋冲突等问题。优先采用附着式升降脚手架。

1）附着式升降脚手架的附墙支座尽量设置于现浇混凝土结构部位。

2）若附墙支座需设置在预制构件上，应提前在预制构件中预埋，预埋方案须经原结构设计单位校核并出具相应书面文件。

3）避免悬挑构件作为附墙支座，飘板等位置附墙支座应使用垫高件附着于主体结构。

4 模板对拉螺栓连接预留孔洞深化设计

预制墙体之间的现浇结构模板对应螺栓孔洞预留，应根据厂家的模板施工方案，确定模板对拉螺杆孔洞的位置及直径后，对图纸进行深化，并进行预留工作。模板通过对拉螺杆固定在 PC 构件上的方式主要有预埋套筒和预埋对穿孔两种：

1）预埋套筒

预埋套筒主要用于外墙板。

预埋套筒根据构件类型选用对应的型号，预埋位置应注意避开钢筋（包括剪力墙竖向钢筋）、水电预埋件及预留洞口。

一字墙部位的套筒距离墙板外边缘的距离不小于 100mm，且不大于 300mm。转角墙部位套筒距离墙板内阴角边缘的距离宜为 200mm。套筒的纵横向间距应根据模板方案计算进行确定。

2）预埋对穿孔

预埋对穿孔主要应用于内墙。

对穿孔应避开钢筋或水电预埋件位置。

应保证预制构件与现浇构件交接部位的两侧均有对拉螺杆。

4.2.2 装配工具深化设计

装配式施工中，使用到的吊具、连接件、固定件及辅助工具众多，合理设计优化配件工具，可大幅提升装配式施工质量及效率。

1 竖向构件支撑

1）应根据构件形状、尺寸以及重量，依照相应规范进行计算，确定支撑规格尺寸以及支撑位置与数量。支撑支座的固定需要在预制墙体内预埋套筒或螺母，预埋位置必须与设计单位进行沟通后确定。

2）预制构件安装工具宜选用工具式可调式钢管支撑，通过调节支撑杆保证预制构件安装质量。预制墙板斜撑结构由支撑杆与 U 形卡座组成。其中，支撑杆由正反调节丝杆、外套管、手把、正反螺母、高强销轴、固定螺栓组成，调节长度根据布置方案确定，然后定型加工。该支撑体系用于承受预制墙板的侧向荷载及调整预制墙板的垂直度。施工前应对斜支撑支座位置进行详细设计，并在顶板与预制墙体相应位置预埋螺栓套筒。

3）根据墙板的长度确定斜支撑的数量，严格按专项施工技术方案布置，一般情况 6m 以下的墙板布设两根支撑，且布置在 PC 构件的同一侧。

4）提前模拟支模状态，考虑斜支撑安装位置是否影响支模。距离现浇剪力墙边不小于 500mm。安装窗框的构件，斜支撑勿与窗框冲突。

5）斜支撑距地面高度不宜小于构件高度的 2/3，且不应小于构件高度的 1/2。

6）斜撑调节丝杆应设置临时锁定工具，以防后续施工造成扰动。

7）楼板需在对应位置预埋支座。当项目采用铝合金模板时，需考虑铝合金模板的斜撑与预制构件临时固定斜撑的碰撞问题，制定避让方案。

2 水平构件支撑

水平构件支撑可采用独立支撑体系，支撑系统由工字梁、梁托座、独立钢支柱和稳定三脚架组成。支撑系统的选择必须根据相应规范进行计算。通过对叠合板支撑位置的调整与预制墙体斜撑位置的策划，确保顶板支撑与墙体斜撑互不影响。

斜撑与预制构件连接部位，预制构件须提前预埋螺母，预埋位置与数量须提前深化。

3 定位钢板

钢筋定位钢板是保证预留钢筋位置准确的重要措施。在施工前，需要针对每个类型预制墙体伸入灌浆套筒内钢筋的具体位置，进行定位钢板的设计加工制作，开孔位置、数量与构件外伸钢筋保持一致，并编号管理，确保钢筋位置正确。定位钢板厚度一般为 3～5mm。

4 吊装梁

吊装梁是为了避免构件吊装过程中构件的应力集中及可能的水平分力导致构件旋转而采用的吊具，吊装时尽量保证连接吊环或者高强螺栓的钢丝绳处于竖直状态。吊装梁作为吊钩与构件之间的连接吊具，可以改变钢丝绳吊装时的受力方向（吊索水平夹角不小于 60°），从而确保预制构件吊装时钢丝绳处于最佳受力状态。

根据吊装构件的类型确定吊装梁后，在塔吊选型过程中须考虑吊装梁的自重。

吊装梁根据各类预制构件吊点位置进行匹配。在预制构件吊点设计中尽量选择同尺寸或同模数关系的吊点位置，以便现场施工。不同构件对应钢梁上不同孔位进行吊装。

4.2.3 专业配合深化设计

机电专业预留预埋需注意构件专业图纸中的点位图需与机电专业图纸保持一致，深化完成后与最新的机电图纸进行核对。

1 叠合板深化设计

在叠合板内有多种电盒及水电专业所需预留孔洞，保证电盒型号及预留洞位置的准确，并应结合精装施工图对叠合板进行深化。

当项目采用铝合金模板时，应针对传料口位置、尺寸进行深化设计，传料口在叠合板上进行预留时要采取洞口加强措施。

2 预制墙体深化设计

预制外墙和内墙的水电专业预留预埋项目较多，包含给水排水、电气、暖通等多个专业，在深化设计过程中需要各个专业协同进行，避免相互冲突。

当预制外墙板设有窗户且采用预埋窗框的形式时，需提前与建设单位沟通并确定窗户样式，在构件生产过程中一并预埋；窗户若采用后安装的形式，则洞口需设置企口及滴水线，并应随构件生产一次成型。

3 预制楼梯深化设计

预制楼梯须结合建筑栏杆扶手样式预留栏杆杯口，杯口位置、大小、深度、孔底标高须与建筑施工图或精装施工图保持一致；防滑槽、滴水线须根据建筑方案随构件生产一次成型。

4.2.4 施工措施深化设计

1 预制叠合楼板企口深化

为防止叠合板带浇筑时，模板与叠合板搭接部位出现漏浆现象，在构件厂进行叠合板生产时，将板边设计为 50mm×2mm 内凹企口，在模板对应的位置粘贴双面胶，可有效解决后浇板带漏浆问题（图 4.2.4-1）。

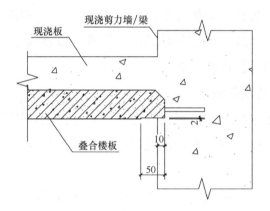

图 4.2.4-1 预制叠合楼板企口大样

2 叠合梁企口深化

预制叠合梁与预制叠合板接触面 10mm 范围内压平（图 4.2.4-2）。

图 4.2.4-2 叠合梁顶企口

3　墙边启口深化

为解决预制内外墙与现浇节点或现浇内墙接茬处出现漏浆现象，在预制墙体边缘设置 100mm×5mm 的内凹型企口，在混凝土浇筑时保证现浇混凝土的浆料不外漏，预制构件与现浇结构接茬部位平整（图4.2.4-3）。

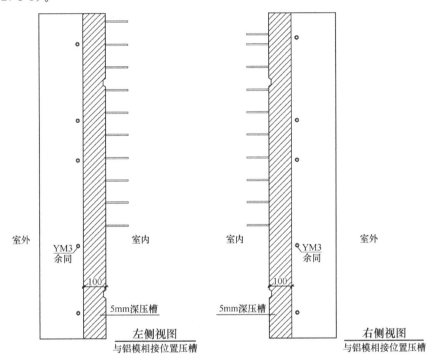

图 4.2.4-3　外墙凸窗企口

4.2.5　其他

1　各专业深化工作须协同进行，避免发生专业碰撞问题。

2　应充分与设计沟通，尽量减少叠合板的外伸钢筋长度，对于与框架柱相邻的叠合楼板，钢筋可按图 4.2.5-1、图 4.2.5-2 进行处理，避免与框架柱纵向钢筋的碰撞。

3　首层起步位置应注意相关节点构造是否完善，尤其针对凸窗等外围构件是否有结构支承的节点大样。

4　根据楼梯间地面装修完成面的标高，提前确定预制楼梯的安装

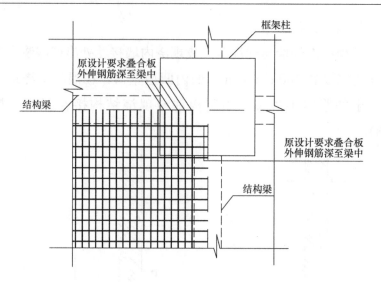

图 4.2.5-1 叠合楼板外伸钢筋原设计方案

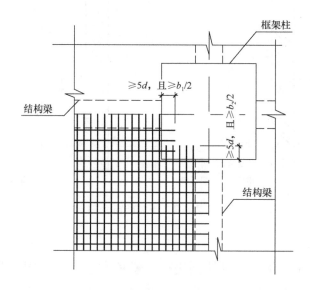

图 4.2.5-2 叠合楼板外伸钢筋优化后方案（参照图集）

标高。

5 预制楼梯选型应选择无外伸钢筋类型；预制楼梯生产时，其宽度尺寸较设计尺寸缩小 10mm，以便垂直吊装。

6 因预制叠合楼板板面经拉毛等工艺处理，无法使用普通楼板厚度控制器，应要求构件生产厂家将楼板厚度控制器提前预埋在叠合楼板内（图 4.2.5-3）。

图 4.2.5-3 叠合楼板预埋楼板厚度控制器

7 内隔墙板的深化设计内容应包括异形墙体构造、墙体长度、门垛、管道穿墙、门洞挂板、防水反坎、水电预埋定位等内容，提前考虑预制内隔墙板转角位置、与现浇结构固定节点，提前考虑预制内隔墙板与精装吊顶的关系。

1）对于应力集中的阴角、阳角及丁字墙，容易出现开裂情形，宜将该部位优化成定制转角板进行施工，以防开裂通病（图 4.2.5-4）。

2）墙体长度超过 6m 时，需增设构造柱。

3）混凝土结构与预制隔墙板交接部位须预留企口，在企口处采取防开裂措施（图 4.2.5-5、图 4.2.5-6）。

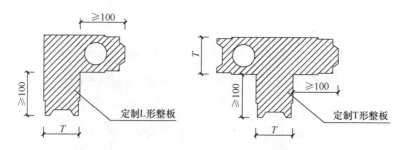

图 4.2.5-4　预制内隔墙板定制转角板大样

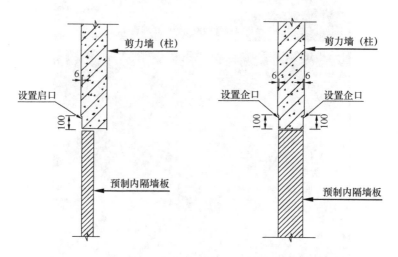

图 4.2.5-5　剪力墙（柱）与预制内隔墙板连接处企口设置

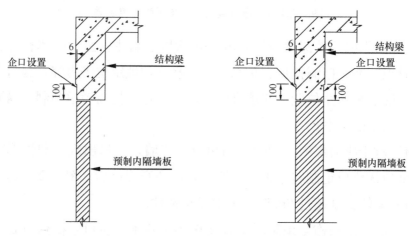

图 4.2.5-6　结构梁与预制内隔墙板连接处企口设置

4）卫生间墙体若采用预制内隔墙板，反坎宽度应小于隔墙板宽度10mm（两边各少5mm），待隔墙施工完沉降稳定后使用水泥砂浆抹平（图4.2.5-7）。

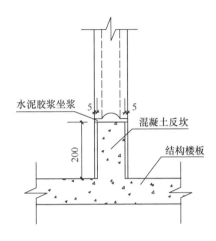

图4.2.5-7 卫生间反坎构造

4.2.6 起重设备

1 起重设备选型需考虑项目最大质量构件及吊装半径，保证起重性能满足施工要求，有效起重范围应覆盖构件卸货区域、构件堆场、构件作业区域，避免二次转运的情况发生。

2 吊装钢梁的选型需考虑构件类型、质量等因素，钢丝绳的规格需进行验算校核。

4.2.7 吊装顺序

1 深化设计时应考虑叠合梁实际的吊装顺序，因梁底筋会出现相互干涉的情况，须协调设计对底筋进行弯折，并标示出吊装顺序。后缀内容可为"—英文字母＋数字"；同一英文字母代表梁高为同一预制高度的梁，其中标注字母为A的梁大于B，B的大于C，以此类推；数字代表优先等级，其中标注数字为1的优先级别大于2，2的优先级别大于3，以此类推。

2 其他构件也应考虑吊装顺序因素。总体的原则是底筋在下的叠合梁先吊装。

5 构件生产

5.1 排产计划

5.1.1 模具设计加工计划

根据构件特征、工程量、工程进度、深化设计图等设计模具，确定模具设计方案后安排模具的生产加工、合模、试模等工作，模具生产周期应控制在 7d 内。

5.1.2 配套材料采购计划

生产构件的建筑主材至少备料 2 层，辅材及预留预埋材料可视现场进度情况分批进场。

5.1.3 PC 构件生产、进场计划

预制构件的生产工作从收到正式的构件图纸起 45d 内完成首批预制构件供货，后续构件生产时间 1～2d，养护 7d。在标准层施工前 1 个月开始进行。

施工过程中，总包单位至少提前 30d 发送构件进场计划表，标明构件名称、类型、数量、使用部位和到场时间，预制构件厂按计划进行构件生产及运输，保证总包现场吊装进度。

5.2 驻场监造

5.2.1 驻场人员

在构件制作前，监理单位与施工单位应派遣监督人员驻场，保证构件生产质量。驻场人员应每天跟踪构件生产的型号及数量，根据项目构件进场计划监督构件生产情况是否满足项目进度要求；并按照相关规范对生产构件使用的原材料进行验收、检查。根据规范要求督促构件生产

厂家对原材料、构件试块进行送检，确认检测资料规范、齐全。

5.2.2 驻场时间

从原材进场开始，到最后一批构件出厂结束。

5.2.3 驻场工作流程

原材料检查→模具检查→钢筋检查→预埋件及预留孔洞检查→混凝土浇筑过程旁站→养护工艺检查→粗糙面工艺检查→构件质量检查→构件追溯系统检查→构件运输前装车检查

5.2.4 驻场工作内容

1 原材料检查

原材料检查包括钢筋、水泥、骨料、矿物掺合料、外加剂等材料，详见"9.1 检测"的内容。

2 模具检查

1）模具检查应当在模具安装完成后检查，模具检查的内容包括形状、质量、尺寸偏差、平面平整度、边缘、转角、预埋件定位、孔眼定位、出筋定位等，侧模和底模应具有足够的刚度、强度和稳定性，模具尺寸误差检验标准和检验方法应符合现行国家标准《装配式混凝土建筑技术标准》GB/T 51231 的有关规定，检查标准详见表 5.2.4-1。模具检查必须有准确的测量尺寸和角度的工具，应当在光线明亮的环境检查，模具安装定位后的精度必须复测，预制构件首件的各项检测指标均在标准的允许范围内，方可投入正常生产（图 5.2.4-1）。

表 5.2.4-1 预制构件模具尺寸允许偏差和检验方法

项次	检验项目、内容		允许偏差（mm）	检验方法
1	长度	≤6m	1，−2	用尺量平行构件高度方向，取其中偏差绝对值较大处
		>6m 且≤12m	2，−4	
		>12m	3，−5	
2	宽度、高（厚）度	墙板	1，−2	用尺测量两端或中部，取其中偏差绝对值较大处
3		其他构件	2，−4	
4	底模表面平整度		2	用 2m 靠尺和塞尺量

续表 5.2.4-1

项次	检验项目、内容	允许偏差 (mm)	检验方法
5	对角线差	3	用尺量对角线
6	侧向弯曲	$L/1500$ 且≤5	拉线，用钢尺量测侧向 弯曲最大处
7	翘曲	$L/1500$	对角拉线测量交点间距离 值的两倍
8	组装缝隙	1	用塞片或塞尺量测，取最大值
9	端模与侧模高低差	1	用钢尺量

图 5.2.4-1　模具验收

2）模具各部件之间应连接牢固，接缝应紧密，模具与平模台间的螺栓、定位销、磁盒等固定方式应可靠，防止混凝土振捣成型时造成模具偏移和漏浆，检查防漏浆措施是否完善（图5.2.4-2）。

图5.2.4-2 模具打胶

3）模具应装拆方便，满足预制构件质量、生产工艺和周转次数等要求。

4）结构造型复杂、外形有特殊要求的模具应制作样板，经检验合格后方可批量制作。

5）用作底模的台座、胎模、地坪及铺设的底板等应平整光洁，不得有下沉、裂缝、起砂和起鼓。

6）模具应保持清洁，隔离剂应选用水性隔离剂进行涂刷，涂刷表面应均匀、无漏刷、无堆积，且不得沾污钢筋，不得影响预制构件外观效果。

7）应定期检查侧模、预埋件和预留孔洞定位措施的有效性；应采取防止模具变形和锈蚀的措施；重新启用的模具应检验合格后方可使用。

8）模具质量应当填表存档。

9）模具标识

所有模具需设置标识，以便制作构件时查找，避免出错。模具标识应当设置在显眼位置上，内容应包括：

① 项目名称；

② 构件名称和编号；

③ 构件规格；

④ 制作日期与制作厂家编号；

⑤ 模具生产厂家检验合格标识。

3 钢筋检查

检查内容包括构件钢筋等级、型号、直径、数量及位置，确保与深化图纸保持一致，钢筋保护层厚度是否满足图纸设计及规范要求。

4 预埋件及预留孔洞检查

检查内容有预埋件类型、型号、规格等级、数量、位置，确保与深化图纸保持一致。具体检查标准见表 5.2.4-2。

表 5.2.4-2 模具上预埋件和预留孔洞安装允许偏差

项次	检验项目		允许偏差（mm）	检验方法
1	预埋钢板、建筑幕墙用槽式预埋组件	中心线位置	3	用尺量纵横两个方向的中心线位置，取其中较大值
		平面高差	±2	钢直尺和塞尺检查
2	预埋管、电线盒、电线管水平和垂直方向的中心线位置偏移、预留孔、浆锚搭接预留孔（或波纹管）		2	用尺量纵横两个方向的中心线位置，取其中较大值
3	插筋	中心线位置	3	用尺量纵横两个方向的中心线位置，取其中较大值
		外露长度	+10，0	用尺量测
4	吊环	中心线位置	3	用尺量纵横两个方向的中心线位置，取其中较大值
		外露长度	0，−5	用尺量测
5	预埋螺栓	中心线位置	2	用尺量纵横两个方向的中心线位置，取其中较大值
		外露长度	+5，0	用尺量测

续表 5.2.4-2

项次	检验项目		允许偏差（mm）	检验方法
6	预埋螺母	中心线位置	2	用尺量纵横两个方向的中心线位置，取其中较大值
		平面高差	±1	钢直尺和塞尺检查
7	预留洞	中心线位置	3	用尺量纵横两个方向的中心线位置，取其中较大值
		尺寸	+3，0	用尺量纵横两个方向尺寸，取其中较大值
8	灌浆套筒及连接钢筋	灌浆套筒中心线位置	1	用尺量纵横两个方向的中心线位置，取其中较大值
		连接钢筋中心线位置	1	用尺量纵横两个方向的中心线位置，取其中较大值
		连接钢筋外露长度	+5，0	用尺量测

5 混凝土浇筑过程旁站

1）混凝土浇筑前应当做好相关检查工作，检查内容包含混凝土坍落度、温度、含气量等，并且拍照存档。

2）浇筑混凝土应均匀连续，从模具一端开始浇筑。

3）投料高度不宜超过 500mm。

4）浇筑过程中应有效地控制混凝土的均匀性、密实性和整体性。

5）混凝土浇筑应在混凝土初凝前全部完成。

6）混凝土浇筑前应制作同条件养护试块。

6 养护工艺检查

一般采用蒸汽（或加温）养护，蒸汽（或加温）养护可以缩短养护时间，快速脱模，提高效率，减少模具等生产要素的投入。蒸汽养护的基本要求：

1）采用蒸汽养护时，应分为静养、升温、恒温和降温四个阶段。

2）静养时间根据外界温度一般为 2～3h。

3）升温速度宜为每小时 10～20℃。

4）降温速度不宜超过每小时 10℃。

5）柱、梁等较厚的预制构件养护最高温度控制在 40℃ 左右，楼板、墙板等较薄的构件养护最高温度应控制在 60℃ 以下，持续时间不小于 4h。

6）当构件表面温度与外界温差不大于 20℃ 时，方可撤出养护措施进行脱模。

7　粗糙面施工工艺检查

1）粗糙面处理应满足设计要求。

2）采用涂刷缓凝剂形成粗糙面时，应在脱模后立即进行缓凝剂涂刷并高压冲毛，粗糙面面积不应小于 80%，预制板的粗糙面凹凸深度不应小于 4mm，预制梁端、预制柱端、预制墙端的粗糙面凹凸深度不应小于 6mm（图 5.2.4-3）。

图 5.2.4-3　粗糙面冲毛工艺

3）粗糙面表面应坚实，不能留有酥松颗粒（图 5.2.4-4）。

8　构件质量检查

预制构件外观质量、几何尺寸要求逐块检查，不得遗漏，预制构件的外观质量不应有严重缺陷，且不宜有一般缺陷。对已出现的一般缺

图 5.2.4-4　粗糙面效果

陷，应按技术方案进行处理，并重新检验。预制构件检查内容见表
5.2.4-3，检查标准详见表 5.2.4-4～表 5.2.4-6。

表 5.2.4-3　主要构件类型检查内容

序号	构件类型	检查内容
1	叠合梁	1. 观感质量； 2. 构件几何尺寸；钢筋等级、型号、数量、位置、保护层厚度、锚固形式及外伸长度；叠合梁企口位置、尺寸； 3. 预埋件、预留孔洞数量及位置，吊点数量、位置； 4. 抗剪键位置、尺寸
2	预制剪力墙	1. 观感质量； 2. 构件几何尺寸，钢筋等级、型号、数量、位置、保护层厚度、外伸长度；与现浇结构连接部位企口位置、尺寸，对拉螺杆孔预留位置、数量； 3. 预埋件、预留孔洞数量及位置，吊点数量、位置；斜撑预埋螺母规格、位置
3	叠合楼板	1. 观感质量； 2. 构件几何尺寸，钢筋等级、型号、数量、位置、保护层厚度、锚固形式及长度； 3. 预埋件、预留孔洞数量及位置，吊点数量、位置

续表 5.2.4-3

序号	构件类型	检查内容
4	预制楼梯	1. 观感质量; 2. 构件几何尺寸; 3. 钢筋等级、型号、数量、位置、保护层厚度、锚固形; 4. 吊点数量、位置; 5. 底部、顶部支座杯口位置、尺寸; 6. 预制栏杆杯口位置及尺寸、楼梯滴水线及防滑槽
5	预制凸窗	1. 观感质量; 2. 构件几何尺寸; 3. 钢筋等级、型号、数量、位置、保护层厚度、锚固形式及外伸长度; 4. 预埋件、预留孔洞数量及位置,吊点数量、位置; 5. 与现浇结构相接部位企口尺寸
6	预制阳台	1. 观感质量; 2. 构件几何尺寸; 3. 钢筋等级、型号、数量、位置、保护层厚度、锚固形式及外伸长度; 4. 预埋件、预留孔洞数量及位置,吊点数量、位置

表 5.2.4-4 构件外观质量缺陷分类

名称	现象	严重缺陷	一般缺陷
露筋	构件内钢筋未被混凝土包裹而外露	纵向受力钢筋有露筋	其他钢筋有少量露筋
蜂窝	混凝土表面缺少水泥砂浆而形成石子外露	构件主要受力部位有蜂窝	其他部位有少量蜂窝
孔洞	混凝土中孔穴深度和长度均超过保护层厚度	构件主要受力部位有孔洞	其他部位有少量空洞
夹渣	混凝土中夹有杂物且深度超过保护层厚度	构件主要受力部位有夹渣	其他部位有少量夹渣
疏松	混凝土中局部不密实	构件主要受力部位有疏松	其他部位有少量疏松

续表 5.2.4-4

名称	现象	严重缺陷	一般缺陷
裂缝	缝隙从混凝土表面延伸至混凝土内部	构件主要受力部位有影响结构性能或使用功能的裂缝	其他部位有少量不影响结构性能或使用功能的裂缝
连接部位缺陷	构件连接处混凝土缺陷及连接钢筋、连接件松动，插筋严重锈蚀、弯曲，灌浆套筒堵塞、偏位，灌浆孔洞堵塞、偏位、破损等缺陷	连接部位有影响结构传力性能的缺陷	连接部位有基本不影响结构传力性能的缺陷

表 5.2.4-5　预制楼板类构件外形尺寸允许偏差及检验方法

项次	检验项目			允许偏差（mm）	检验方法
1	规格尺寸	长度	＜12m	±5	用尺量两端及中间部，取其中偏差绝对值较大值
			≥12m且＞18m	±10	
			≥18m	±20	
2		宽度		±5	用尺量两端及中间部，取其中偏差绝对值较大值
3		厚度		±5	用尺量板四角和四边中部位置共8处，取其中偏差绝对值较大值
4		对角线差		6	在构件表面，用尺量测两对角线的长度，取其绝对值的差值
5	外形	表面平整度	内表面	4	用2m靠尺安放在构件表面上，用楔形塞尺量测靠尺与表面之间的最大缝隙
			外表面	3	
6		楼板侧向弯曲		$L/750$且≤20mm	拉线，钢尺量最大弯曲处
7		扭翘		$L/750$	四对角拉两条线，量测两线交点之间的距离，其值的2倍为扭翘值

续表 5.2.4-5

项次	检验项目			允许偏差（mm）	检验方法
8	预埋部件	预埋钢板	中心线位置偏差	5	用尺量纵横两个方向的中心线位置，取其中较大值
9			平面高差	0，−5	用尺紧靠在预埋件上，用塞尺量测预埋件平面与混凝土的最大缝隙
10	预埋部件	预埋螺栓	中心线位置偏差	2	用尺量纵横两个方向的中心线位置，取其中较大值
			外露长度	+10，−5	用尺量
11		预埋线盒、电盒	在构件平面的水平方向中心位置偏差	10	用尺量
			与构件表面混凝土高差	0，−5	用尺量
12	预留孔	中心线位置偏移		5	用尺量纵横两个方向的中心线位置，取其中较大值
		孔尺寸		±5	用尺量纵横两个方向的中心线位置，取其中较大值
13	预留洞	中心线位置偏移		5	用尺量纵横两个方向的中心线位置，取其中较大值
		孔尺寸		±5	用尺量纵横两个方向尺寸，取其较大值
14	预留插筋	中心线位置偏移		3	用尺量纵横两个方向的中心线位置，取其中较大值
		外露长度		±5	用尺量
15	吊环、木砖	中心线位置偏移		10	用尺量纵横两个方向的中心线位置，取其中较大值
		留出高度		0，−10	用尺量
16	柜架钢筋高度			+5，0	用尺量

表 5.2.4-6　预制梁柱桁架类构件外形尺寸允许偏差及检验方法

项次	检验项目			允许偏差 （mm）	检验方法
1	规格尺寸	长度	＜12m	±5	用尺量两端及中间部，取其中偏差绝对值较大值
			≥12m 且＜18m	±10	
			≥18m	±20	
2		宽度		±5	用尺量两端及中间部，取其中偏差绝对值较大值
3		厚度		±5	用尺量板四角和四边中部位置共8处，取其中偏差绝对值较大值
4	表面平整度			4	用2m靠尺安放在构件表面上，用楔形塞尺量测靠尺与表面之间的最大缝隙
5	侧向弯曲	梁柱		$L/750$ 且 ≤20mm	拉线，钢尺量最大弯曲处
		桁架		$L/750$ 且 ≤20mm	拉线，钢尺量最大弯曲处
6	预埋部件	预埋钢板	中心线位置偏差	5	用尺量纵横两个方向的中心线位置，取其中较大值
			平面高差	0，−5	用尺紧靠在预埋件上，用楔形塞尺量测预埋件平面与混凝土的最大缝隙
7		预埋螺栓	中心线位置偏差	2	用尺量纵横两个方向的中心线位置，取其中较大值
			外露长度	+10，−5	用尺量
8	预留孔	中心线位置偏移		5	用尺量纵横两个方向的中心线位置，取其中较大值
		孔尺寸		±5	用尺量纵横两个方向的中心线位置，取其中较大值
9	预留洞	中心线位置偏移		5	用尺量纵横两个方向的中心线位置，取其中较大值
		洞口尺寸、深度		±5	用尺量纵横两个方向尺寸，取其较大值

续表 5.2.4-6

项次	检验项目		允许偏差 （mm）	检验方法
10	预留插筋	中心线位置偏移	3	用尺量纵横两个方向的中心线位置，取其中较大值
		外露长度	±5	用尺量
11	吊环	中心线位置偏移	10	用尺量纵横两个方向的中心线位置，取其中较大值

9 预制构件追溯系统检查

确认预制构件二维码扫描有效。若预制构件内预埋 RFID 射频芯片，确认射枪能够读取构件信息。确保以上方式读取的构件信息准确、类别齐全。构件信息应包含：生产厂家、所属项目名称、生产日期、构件编号、使用楼栋及楼层、构件混凝土方量、构件重量、混凝土标号、模具编号、几何尺寸。

10 构件的运输方式及成品保护检查

1）构件的运输方式（图 5.2.4-5～图 5.2.4-7）

图 5.2.4-5 立式运输固定方式

① 外墙板宜采用立式运输，外饰面层应朝外，梁、板、楼梯、阳台宜采用水平运输。

② 采用靠放架立式运输时，构件与地面倾斜角度宜大于 80°，构件应对称靠放，每侧不大于 2 层，构件层间上部采用木垫块隔离。

图 5.2.4-6 叠合楼梯运输固定方式

图 5.2.4-7 叠合楼板运输固定方式

③ 采用插放架直立运输时，应采取防止构件倾倒措施，构件之间应设置隔离垫块。

④ 水平运输时，预制梁、柱构件叠放不宜超过 2 层，板类构件叠放不宜超过 6 层。

2）构件运输过程中的成品保护措施

① 设置柔性垫片避免预制构件边角部位或链索接触位置的混凝土损伤。

② 用塑料薄膜包裹垫块避免预制构件外观污染。

③ 墙板门窗框、装饰表面和棱角采用塑料贴膜或其他措施（建议硬质保护，如塑料护角或木板）进行防护。

④ 竖向薄壁构件设置临时防护架。

⑤ 装箱运输时，箱内四周采用木材或柔性垫片填实，支撑牢固。

⑥ 预制构件成品外露保温板应采取防止开裂措施，外露钢筋应采取防弯折措施，外露预埋件和连接件等外露金属件应按不同环境类别进行防腐、防锈处理。

⑦ 粗糙面冲洗完成后应对灌浆套筒的灌浆孔和出浆孔进行透光检查，并清理灌浆套筒内的杂物。

⑧ 钢筋连接套筒、预埋孔洞应采取防止堵塞的临时封堵措施。

⑨ 冬期生产和存放的预制构件的非贯穿孔洞应采取措施防止雨雪水进入发生冻胀损坏。

3) 应根据预制构件种类采取可靠的固定措施。

4) 对于超高、超宽、形状特殊的大型预制构件的运输和存放应制定专门的质量安全保证措施。

6 构件运输与存放

6.1 构件运输

6.1.1 构件运输时的混凝土强度，如设计无要求时，一般构件不应低于设计强度等级的 75％，屋架和薄壁构件应达到 100％。

6.1.2 如构件运输至现场直接吊装，应提前考虑施工吊装作业顺序，根据构件平面布置图的标序，逆顺序装卸至运输车上。

6.1.3 构件装车运输注意事项详见"5.2.4 驻场工作内容中第 10 款构件的运输方式及成品保护检查"的内容。

6.2 运输线路及场地道路

6.2.1 除对现场道路有要求外，必须对部品运输路线桥涵限高、道路进行实地考察，以满足现场实施计划的要求。如果有超限部品的运输应当提前办理特种车辆运输手续。

6.2.2 道路尺寸要求：载重汽车的场内运输单行道宽度不得小于 3.5m，拖车的场内运输单行道宽度不得小于 4m，双行道宽度不得小于 6m。

6.2.3 载重汽车场内运输转弯半径不宜小于 10m，全拖式拖车不宜小于 20m。

6.2.4 提前与厂家联系，确保场内运输道路满足大型车辆的转弯半径和荷载要求，确保工地大门尺寸满足运输车辆正常进出场。

6.2.5 现场运输道路应坚实平整，并设有排水措施。

6.2.6 场内运输如需经过地下室顶板等结构板面时，应在专项施工技术方案中单独补充结构回顶方案，报分公司、集团审批通过后方可实施。

6.3 构件堆放

6.3.1 堆放场地

现场应尽可能实现构件直接从运输车辆上吊装，减少临时堆放、场内运输等环节，如无法实现或无法全部实现直接吊装，则需考虑场内构件堆放的情况（图6.3.1）。

1 堆场须设置在塔吊有效起重范围内。

2 现场构件堆放场地应坚实平整，堆场应采用厚度150mm的C20混凝土硬化，或铺设20mm厚钢板，场地应满足承载力、防倾覆等要求，并设有排水设施。

3 预制构件运送到现场后，应按构件类型、规格、使用部位、吊装顺序等情况分别设置堆放场地。

4 若堆场选择在结构板面上，应校核堆放荷载及制定回顶或加固方案，经分公司、集团审批通过后方可实施。

5 场地布置应考虑构件之间的人行通道，方便现场人员作业，通道宽度宜为800～1200mm。

图6.3.1 构件堆放整体效果图

6.3.2 堆放方式

1 平放时注意事项

1）预制水平类构件可采用叠放方式，支点宜与起吊点位置一致，各层之间应垫平、垫实，各层支垫应上下对齐。垫木的长、宽、高尺寸不宜小于 100mm，垫木距板端不大于 200mm，且间距不大于 1600mm，最下面一层支垫应通长设置，堆放时间不宜超过两个月。

2）构件平放时应使吊环向上标识向外，便于查找及吊运。

3）预制构件底部支垫尺寸应保持一致，避免因中间支垫尺寸过大或场地不平整的情况，导致构件中部断裂（图 6.3.2-1）。

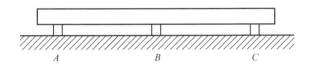

图 6.3.2-1　支垫尺寸应保持一致

2　竖放时的注意事项

1）立放可分为插放和靠放两种方式。

2）插放时场地必须清理干净，插放架必须牢固，挂钩应扶稳构件，垂直落地。

3）靠放时应采用靠放架，靠放架须稳定、牢固，构件对称靠放且外饰面朝外，倾斜度应保持大于 80°。构件上部用垫块隔开，上部支撑不少于 2 点。

4）构件的断面高宽比大于 2.5 时，堆放时下部应加支撑或采用专用堆放架，上部应拉牢固定，避免倾倒。

5）堆场硬化面要进行粗糙面处理，防止支撑架滑动，或采取相应防滑措施。

3　各类型构件堆放注意事项（表 6.3.2）

表 6.3.2　构件堆码层数限制

构件类型	堆放方式	最大堆叠层数
梁、柱（细长构件）	水平堆放	2
预制叠合楼板	水平堆放	6
预制楼梯	水平堆放	3

续表 6.3.2

构件类型	堆放方式	最大堆叠层数
预制阳台	水平堆放	2
预制凸窗	竖直堆放	2（靠放）

1) 预制剪力墙堆放

墙板宜采用垂直立放，设置专用 A 字架插放或对称靠放。长期靠放时必须使用安全带捆绑或钢索固定，支架应有足够的刚度，并支垫稳固。墙板与刚性支架接触部位应设置枕木或者软性垫片，防止直接接触造成构件表面破损（图 6.3.2-2、图 6.3.2-3）。

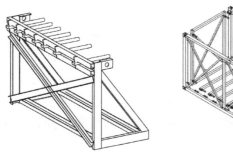

图 6.3.2-2　支架

图 6.3.2-3　构件立放实例图片

2) 预制梁、柱堆放

预制梁、柱等细长构件应水平堆放，预埋吊装孔表面朝上，高度不宜超过 2 层，且不宜超过 2m。若为叠合梁，则须将枕木垫于实心处，不可让薄壁部位受力（图 6.3.2-4）。

图 6.3.2-4　叠合梁、预制柱堆放实例图片

3）预制板类构件堆放

预制板类构件可采用叠放方式存放，其叠放高度应按构件强度、地面耐压力、垫木强度以及垛堆的稳定性确定。构件层与层之间应垫平、垫实，各层支垫应上下对齐，最下面一层支垫应通长设置。一般情况下，叠放数不应大于 6 层，吊环向上，标志向外，混凝土养护期未满的应继续洒水养护（图 6.3.2-5、图 6.3.2-6）。

图 6.3.2-5　叠合板堆放实例图片

图 6.3.2-6　预制阳台及预制凸窗堆放实例图片

7 构件安装准备工作

7.1 技术准备

7.1.1 预制构件安装施工前，应编制专项施工方案，并按设计要求对各工况进行施工验算和施工技术交底。

7.1.2 装配式结构施工前，应对项目管理人员及安装人员进行专项培训和交底工作。

7.1.3 吊装前应合理规划吊装顺序，除满足墙（柱）、叠合楼板、叠合梁、预制楼梯、预制阳台等构件外还应结合施工现场情况，满足先外后内、先低后高原则。制定吊装作业流程，严格按流程进行安装。

7.1.4 专业安装劳务人员须提前抵达施工现场查看现场情况，与总包及时沟通，确保现场满足吊装条件，总包负责协调模板、钢筋等其他专业班组吊装事宜，保证装配式构件的吊装工作有序进行。

7.2 人员安排

7.2.1 构件吊装是装配式建筑施工的重要施工工艺，施工现场的安装必须由专业的产业化工人操作，工人持证（深圳市装配式建筑产业工人实训证书）上岗率100％（图7.2.1-1、图7.2.1-2）。

7.2.2 施工现场必须选择具有丰富经验的信号指挥人员、挂钩人员，作业人员施工前必须检查身体，对患有不宜高空作业疾病的人员不得安排高空作业。特种作业人员必须经过专门的安全培训，经考核合格，持特种作业操作资格证书上岗。特种作业人员应按规定进行体检和复审。

7.2.3 起重吊装作业前，应根据施工组织设计要求划定危险作业区域，在主要施工部位、作业点、危险区都必须设置醒目的警示标志，并设专

图 7.2.1-1 深圳市装配式建筑产业工人实训证书

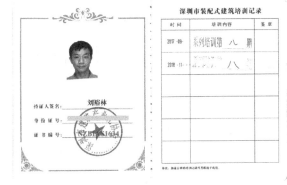

图 7.2.1-2 深圳市装配式建筑培训证书

人加强安全警戒，防止无关人员进入。还应视现场作业环境专门设置监护人员，防止高处作业或交叉作业时造成的落物伤人事故。

7.3 现场条件准备

7.3.1 严格控制现浇结构转装配式结构楼层楼面模板标高，检查板厚控制器是否按要求设置；确保现浇层节点按图施工，以保证装配式楼层构件吊装正常实施。

7.3.2 确保现浇结构转装配式结构楼层预留钢筋数量、位置、构造按图施工，落实钢筋防偏位措施。

7.3.3 制定预制构件与现浇结构交接位置防漏浆措施（图 7.3.3-1～图 7.3.3-5），具体内容见本书第 8 章相关内容。

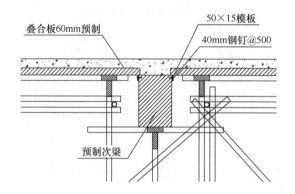

图 7.3.3-1　木模体系-预制次梁与预制楼板之间采用模板条堵缝

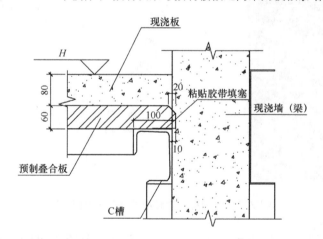

图 7.3.3-2　铝模体系-叠合楼板与 C 槽之间双面胶堵缝

7.3.4 确保构件套筒或浆锚孔畅通。当套筒、预留孔内有杂物时，应及时清理干净。

7.3.5 连接部位浮浆应清理干净。

7.3.6 对于结构柱、剪力墙板等竖向构件，安装调整标高垫块（或预

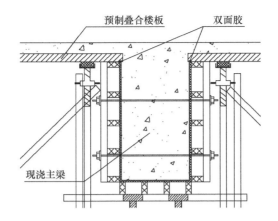

图 7.3.3-3 木模体系-现浇梁与预制楼板之间双面胶堵缝

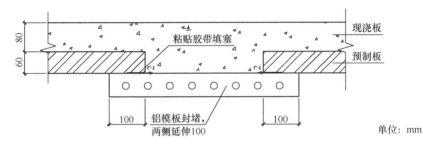

图 7.3.3-4 铝模体系叠合板带双面胶堵缝

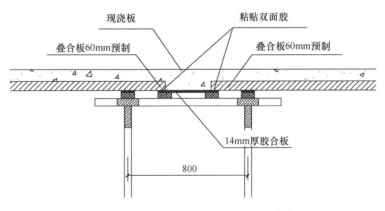

图 7.3.3-5 木模体系叠合板带双面胶堵缝

埋标高调节螺母），准备好斜支撑部件。

7.3.7 伸出钢筋采用机械套筒连接时，须在吊装前在伸出钢筋端部套上套筒。

7.3.8 确保检验预制构件质量和性能符合现行国家规范要求。未经检验或不合格的产品不得使用。

7.3.9 吊装前应做好截面控制线，用于吊装过程中位置调整和检查。

7.3.10 安装前，复核测量放线及安装定位标识。

7.4 机具及材料准备

7.4.1 安装前应对起重机械设备进行试车检验并调试合格，宜选择具有代表性的构件或单元试吊装，确认无误后方可进行正式吊装。

7.4.2 应根据预制构件形状、尺寸及重量要求选择适宜的吊具，尺寸较大或形状复杂的预制构件应选择框式吊梁，并应保证吊车主钩位置、吊具及构件重心在竖直方向上重合。

7.4.3 合理选择吊具的使用，针对不同类型的构件选用匹配的吊具

　　1 扁担吊梁（图 7.4.3-1），适用于预制墙板、预制楼梯、预制阳台板、预制阳台挂板、预制女儿墙等构件。

图 7.4.3-1 扁担吊梁

　　2 框架吊梁（图 7.4.3-2），适用于不同型号的叠合板，可避免因局部受力不均造成叠合板开裂情况。

图 7.4.3-2 框架吊梁

7.5 施工进度计划

7.5.1 标准层进度计划（示例，见表 7.5.1-1、表 7.5.1-2）

表 7.5.1-1 框架结构写字楼标准层 9d 参考工期安排（木模-钢管架体系）

日期	楼层部位	时间节点	工作内容
第一天	$N-1$ 层墙柱、N 层墙柱	上午	第 $N-1$ 层拆除墙柱模板；第 N 层墙柱纵筋安装，材料吊运
	N 层墙柱	下午	第 N 层支模架搭设、第 N 层墙柱纵筋安装
第二天	N 层墙柱	全天	第 N 层支模架搭设、水电预留预埋
第三天	N 层墙柱、$N+1$ 层梁板	上午	第 N 层支模架搭设、第 $N+1$ 层梁底横杆调平
	$N+1$ 层梁板	下午	第 $N+1$ 层预制叠合梁吊装
第四天	$N+1$ 层梁板	全天	第 $N+1$ 层现浇结构板面模板、现浇梁底模板铺设、第 N 层墙柱模板开始封模
第五天	$N+1$ 层梁板	全天	第 $N+1$ 层主梁（现浇）钢筋绑扎、第 N 层墙柱模板封模及加固
第六天	$N+1$ 层梁板、N 层墙柱	全天	第 $N+1$ 层主梁（现浇）侧模加固及调平、墙柱模板加固

续表 7.5.1-1

日期	楼层部位	时间节点	工作内容
第七天	$N+1$ 层梁板	全天	第 $N+1$ 层叠合楼板吊装
第八天	$N+1$ 层梁板	全天	第 $N+1$ 层叠合梁面筋、水电管线安装、板面钢筋绑扎
第九天	$N+1$ 层梁板	上午	第 $N+1$ 层板面钢筋绑扎、验收
	$N+1$ 层梁板、N 层墙柱	下午	混凝土浇筑

注：本项目预制构件类型包括预制叠合次梁、预制叠合楼板以及预制楼梯。

表 7.5.1-2　剪力墙结构住宅标准层 6d 参考工期安排（铝合金模板-爬架体系）

日期	楼层部位	时间节点	工作内容
第一天	$N-1$ 层、N 层	上午	第 $N-1$ 层拆除墙柱模板；第 N 层墙柱钢筋安装；第 N 层凸窗吊装；
		下午	第 N 层墙柱钢筋安装；第 N 层墙柱水电预埋；第 $N-1$ 层预制楼梯吊装
第二天	N 层	上午	第 N 层墙柱水电预埋；第 N 层墙柱模板安装
		下午	第 N 层墙柱模板安装、初步调平、调垂
第三天	N 层	上午	第 $N+1$ 层梁板模板安装
		下午	第 $N+1$ 层梁板模板安装、加固
第四天	N 层	上午	第 N 层墙柱模板加固、调平、调垂；第 $N+1$ 层叠合楼板吊装
		下午	第 $N+1$ 层梁（不影响叠合板安装的梁）钢筋绑扎；第 $N+1$ 层叠合板吊装；第 $N+1$ 层梁板水电管线安装
第五天	$N+1$ 层	上午	第 $N+1$ 层梁板钢筋绑扎
		下午	第 $N+1$ 层梁板钢筋绑扎；第 $N+1$ 层反坎吊模安装
第六天	$N+1$ 层	上午	第 $N+1$ 层反坎吊模安装、加固
		下午	混凝土浇筑

注：本项目预制构件类型包括预制凸窗、预制叠合楼板以及预制楼梯。

7.5.2　单构件吊装参考时间，如表 7.5.2 所示：

表 7.5.2 构件吊装参考时间

构件类型	单件吊装时间（参考）
预制剪力墙	15～20min
叠合楼板	8～10min
预制楼梯	15～20min
叠合梁	8～10min
预制凸窗	15～20min
预制阳台板	10～15min
预制空调板	8～10min

注：具体吊装时间会因构件吊装作业位置、高度、距离等因素的影响会有所不同。

8 构 件 安 装 技 术

8.1 构件安装总体要求

8.1.1 预制构件吊装应符合下列规定：

1 预制构件起吊应采用标准吊具均衡起吊就位，吊具可采用预埋吊环的形式。吊具应根据相应的产品标准和应用技术规定选用，确保吊具连接可靠，主勾、吊具、构件重心应重合。

2 根据预制构件类型、尺寸、重量、吊装作业半径等因素选择合适的吊具和起重设备。吊索水平夹角不宜小于 60°，不应小于 45°。

3 预制构件吊装应采用慢起、快升、缓放的操作方式；构件吊装校正，可采用起吊、静停、就位、初步校正、精细调整的作业方式，起吊应依次逐级增加速度，不应越档操作。

4 吊装构件的设备所承担的荷载不宜超过吊装设备最大起重荷载的 80%。

8.1.2 竖向预制构件安装采用临时支撑时，应符合下列规定：

1 预制构件应按照专项技术方案设置稳定可靠的临时支撑。

2 预制柱、墙板的上部斜支撑，其支撑点距离板底不宜小于柱、墙高的 2/3，且不应小于柱、墙高的 1/2。下部支撑垫块应与中心线对称布置。

3 构件安装就位后，可通过临时支撑对构件的位置和垂直度进行微调。

8.1.3 叠合类构件的装配施工应符合下列规定：

1 叠合类构件的支撑应根据设计要求或专项技术方案进行设置，支撑标高除应符合设计规定外，尚应考虑支撑系统本身的施工变形。

2 施工荷载不应超过设计规定。

8.1.4 预制构件吊装校核与调整应符合下列规定：

1 预制墙板、预制柱等竖向构件安装完成后应对安装位置、安装标高、垂直度、累积垂直度进行校核与调整。对较高的预制柱，在安装其水平连系构件时，应采取对称安装的方式。

2 预制叠合类构件、预制梁等水平构件安装后应对安装位置、安装标高进行校核与调整。

3 应对相邻预制构件的平整度、高差、拼缝尺寸进行校核与调整。

8.2 预制剪力墙安装

8.2.1 施工工艺流程

基础清理及定位放线→封浆条及垫片安装→预制剪力墙起吊→预制剪力墙安装→墙板调整校正、临时固定→砂浆塞缝→连接节点钢筋绑扎→套筒灌浆

8.2.2 主要操作要点

1 基层清理

安装墙板的结合面应清理干净，基层应干燥。

2 定位放线

在楼板上根据图纸及定位轴线放出预制墙体定位边线及 200mm 控制线，同时在预制墙体吊装前，在预制墙体上放出墙体 500mm 标高控制线，便于预制墙体安装过程中精确定位（图 8.2.2-1）。

图 8.2.2-1 定位放线

3 外露钢筋校正

用定位钢板对钢筋的垂直度、定位及标高进行复核，对不符合要求的钢筋进行校正，确保上层预制外墙上的套筒与下一层的预留钢筋能够顺利对孔（图 8.2.2-2、图 8.2.2-3）。

图 8.2.2-2 钢筋校正

图 8.2.2-3 安装钢垫片及标高校核

4 预制墙体起吊

预制墙板吊装时，为了保证墙体受力均匀，须采用专用吊梁，根据各预制构件不同尺寸，不同起吊点位置，设置模数化吊点，确保预制构件在吊装时吊装钢丝绳保持竖直。专用吊梁下方设置专用吊钩，用于悬挂吊索,进行不同类型预制墙体的吊装。

吊装时设置 2 名信号工,起吊处 1 名,吊装楼层上 1 名。另外预制剪力墙吊装时配备 1 名挂钩人员,楼层上配备 3 名安放及固定外墙人员。吊装前由质检人员核对墙板型号、尺寸,检查质量无误后,由专人负责挂钩,待挂钩人员撤离至安全区域时,由下面信号工确认构件四周安全情况,确认无误后进行试吊,指挥缓慢起吊,起吊至距离地面500mm 时,塔吊起吊装置确认安全后,继续起吊。

5 预制剪力墙安装

预制墙体吊装过程中,距离楼板面 500mm 处,根据预先定位的导向架及控制线微调,由操作人员引导墙体缓慢降落,降落至 0.1m 时 1 名工人使用专用视镜观察连接钢筋是否对孔。

预制墙体安装时,按顺时针依次安装,先吊装外墙板后吊装内墙板(图 8.2.2-4、图 8.2.2-5)。

图 8.2.2-4 吊装就位中

6 安装斜向支撑及底部限位装置

预制墙体吊装就位后,由专人安装斜支撑和七字码(底部限位装置),利用斜支撑和七字码调整并固定预制墙体,确保墙体安装垂直度

图 8.2.2-5　专用视镜对孔

符合规范要求，构件的水平位置允许误差为 8mm，垂直度允许误差为 5mm，相邻墙板构件平整度允许误差±5mm，此施工过程中要同时检查外墙面上下层的平齐情况，允许误差以不超过 3mm 为准。摘钩须由专人负责，斜支撑最终固定前，不得摘除吊钩。

斜支撑固定完成后在墙体底部安装七字码，用于加强墙体与主体结构之间的连接，确保后续作业时墙体不产生位移，也可采用两道斜撑固定方式，七字码用斜撑代替（图 8.2.2-6）。

图 8.2.2-6　斜撑及底部限位装置安装、垂直度校核

8.2.3 注意事项

1 预制墙体的校正

1) 平行墙体方向水平位置校正措施：当预制墙体水平位置出现偏差时，可利用小型千斤顶或撬棍进行微调。

2) 垂直墙体方向水平位置校正措施：利用短斜撑调节杆，对墙体根部进行微调来控制墙体水平位置，当墙根底部采用七字码时，也可用撬棍进行微调。

3) 墙体垂直度校正措施：待墙体水平位置调整完毕后，利用长斜撑调节杆，通过可调节装置对墙体顶部的水平位移的调节来控制其垂直度。

4) 墙体标高校正措施：墙体标高宜采用1mm钢制垫片进行校正。

2 预制墙板安装应设置临时支撑，每件预制墙板安装过程的临时斜撑应不少于2道，临时斜撑宜设置调节装置，支撑点位置距离底板不宜小于板高的2/3，且不应小于板高的1/2，斜支撑的预埋件安装、定位准确。

3 预制墙板安装时应设置底部限位装置，每件预制墙板板底部限位装置不少于2个，间距不应大于4m。

4 临时固定措施的拆除应在预制构件与结构可靠连接，且装配式混凝土结构能达到后续施工要求后进行拆除工作。

5 预制墙板安装过程应符合下列规定：

1) 构件底部应设置可调整接缝间隙和底部标高垫块。

2) 钢筋套筒灌浆连接、钢筋锚固搭接连接灌浆前应对接缝周围进行封堵。

3) 墙板底部采用坐浆时，其厚度不宜大于20mm。

4) 墙板底部应分区灌浆，分区长度为1.0～1.5m。

6 预制墙板校核与调整应符合下列规定：

1) 预制墙板安装垂直度应以满足外墙板面垂直为主。

2) 预制墙板拼缝校核与调整应以竖缝为主，横缝为辅。

3）预制墙板阳角位置相邻的平整度校核与调整；应以阳角垂直度为基准。

8.2.4 灌浆施工工艺

1 套筒灌浆施工工艺流程

清理界面并提前洒水湿润→分仓及封堵→温度记录→灌浆料制备→流动度检测→试块制作→灌浆孔封堵→灌浆→出浆孔封堵→现场清理并填写灌浆记录表

2 注意事项

1）技术准备

灌浆作为重要的一道施工工序，直接影响预制构件钢筋的连接质量，决定了建筑整体的结构安全，应引起高度重视，套筒灌浆前应编制专项施工技术方案与检测方案，并进行专项技术交底，交底对象包括项目管理人员与专业施工人员。

灌浆前，应对灌浆孔进行检查，保证通畅。套筒灌浆连接施工应采用匹配的灌浆套筒和灌浆料。机械灌浆的灌浆压力、速度可根据现场施工条件确定。

2）人员准备

现场灌浆施工是影响套筒灌浆连接施工质量的最关键的因素，直接关系到装配式建筑的结构质量，需由专业工人完成。灌浆施工前，应对所有人员（包括管理人员和施工操作人员）进行培训，施工时严格按照国家现行相关规范执行。

3）材料准备

套筒灌浆料进场时，应检查其产品合格证及出厂检验报告，并在现场做试搅拌、试灌浆，对其初始流动度、30min 流动度及灌浆可操作时间进行测试。灌浆料存放处须干燥通风，避免阳光直射。

灌浆料与灌浆套筒须是同一厂家生产。根据设计要求及套筒规格、型号选择配套的灌浆料，施工过程中严格按照厂家提供的配置方法进行灌浆料的制备，不允许随意更换。如需更换，必须重新做连接接头的型式检验，确保连接强度符合设计要求后方可投入使用。

4）灌浆料的检验

每次灌浆施工前，需对制备好的灌浆料进行流动度检验，同时须做实际可操作灌浆时间检验，保证灌浆施工时间在产品可操作时间内完成。灌浆料搅拌完成初始流动度应≥300mm，以260mm为流动下限。浆料流动时，用灌浆机循环灌浆的形式进行检测，记录流动度将为260mm时所用时间；浆料搅拌后完全静止不动，记录流动度为260mm时所用时间；根据时间数据确定浆料实际可操作时间，并要求在此时间内完成灌浆（图8.2.4-1）。

图8.2.4-1　流动度检查

5）灌浆区域的分仓措施

若灌浆面积大、操作时间长，为保证灌浆料在灌浆过程中不初凝，则灌浆需分区进行。采用电动灌浆泵灌浆时，单仓长度不超过1.5m，在经过实体灌浆试验确定可行后可适当延长，但不宜超过3m。

6）接缝封堵

分仓完成后对接缝处外沿进行封堵，采用封缝砂浆与聚乙烯棒密封条相结合进行封堵，墙体吊装前将密封条布置在墙体边线处，吊装后将砂浆填充在接缝外沿，将密封条向里挤压，支模固定待砂浆养护至初凝

（不少于24h）能承受套筒灌浆的压力后，方可进行灌浆（图8.2.4-2）。

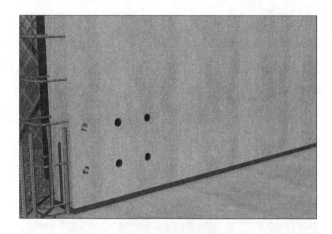

图8.2.4-2　接缝封堵

7）灌浆及封堵

灌浆时需提前对灌浆面进行洒水湿润且不得有明显积水。采用压浆法从套筒下孔灌浆，通过水平缝连通腔一次向多个套筒灌注，按浆料排出先后用橡胶塞（或软木塞）依次封堵牢固后再停止灌浆，最后一个出浆孔封堵后需持压5s，确保套筒内浆料密实度。如有漏浆须立即补灌（图8.2.4-3）。

图8.2.4-3　灌浆并依次封堵灌浆孔

8.3 预制结构柱安装

8.3.1 施工工艺流程

标高找平→竖向预留钢筋校正→预制柱吊装→预制柱安装及校正→灌浆施工

8.3.2 主要安装工艺

1 标高找平

预制柱安装施工前，通过激光扫平仪和钢尺检查楼板面平整度，用铁制垫片进行调整，保证楼层平整度控制在允许偏差范围内。

2 竖向预留钢筋校正

根据弹出柱线，采用钢筋限位框，对预留钢筋进行位置复核，对有弯折的预留插筋应用钢筋校正器进行校正，以确保预制柱连接的质量。

3 预制柱吊装

预制柱吊装采用慢起、快升、缓放的操作方式。塔式起重机缓缓持力，将预制柱吊离存放架，然后快速运至预制柱安装施工层。在预制柱就位前，应清理柱安装部位基层，然后将预制柱缓缓吊运至安装部位的正上方。

4 预制柱的安装及校正

塔式起重机将预制柱下落至设计安装位置，下一层预制柱的竖向预留钢筋与预制柱底部的套筒全部连接，吊装就位后，立即加设不少于两根的斜撑对预制柱临时固定，斜支撑与楼面的水平夹角不应小于60°。

根据已弹好的预制柱的安装控制线和标高线，用2m长靠尺、吊线锤检查预制柱的垂直度，并通过可调支撑微调预制柱的垂直度，预制柱安装施工时应边安装边校正。

5 灌浆施工

详见本书"8.2.4 灌浆施工工艺"。

8.3.3 注意事项

1 预制柱安装前应校核轴线、标高以及连接钢筋的数量、规格、位置。

2 预制柱安装就位后在两个方向应采用可调斜撑作临时固定，并进行垂直度调整以及柱子四角缝隙处加塞垫片。

3 预制柱的临时支撑，应在套筒连接器内的灌浆强度达到设计要求后拆除，当设计无具体要求时，混凝土或灌浆料应达到设计强度的75％以上方可拆除。

8.4 预制叠合梁安装

8.4.1 施工工艺流程

测量放线→支撑架体搭设→预制叠合梁吊装→预制叠合梁就位→校核水平定位、标高→松钩

8.4.2 吊装工艺操作要点

1 支撑架体搭设：考虑施工楼层高度情况，选择合适的支撑架体形式，叠合梁吊装前先将支撑架体搭设完毕（图 8.4.2-1）。

图 8.4.2-1 支撑搭设

2 预制叠合梁放线定位：在下层板面上进行测量放线，弹出尺寸定位线来控制叠合梁的水平位置；调节支撑横杆标高。若主梁为现浇结构，次梁吊装前要完成主梁的底模安装，叠合梁吊装前，在主梁底模上设置次梁定位线，并安装好端头立板，立板顶部标高同预制梁底标高，同时复核平面定位与标高。若主梁为预制叠合梁，安装顺序要遵循先主

梁后次梁、先低后高的原则（图 8.4.2-2）。

图 8.4.2-2 安装定位及标高符合

3 预制叠合梁吊装就位：叠合梁两端搁置在主梁侧边的端头立板上，搁置长度为 15mm，并在端头立板上部粘贴双面胶防止漏浆（图 8.4.2-3、图 8.4.2-4）。

图 8.4.2-3 预制次梁端头立板

图 8.4.2-4　预制次梁吊装

4　精确校正叠合梁位置、标高，通过下层板面上的控制线调整叠合梁的水平位置。

5　支撑：支撑方案应符合设计要求，立杆间距等严格按照专项施工技术方案设置。

6　松钩：待支撑充分受力并撑紧支架后方可卸除吊索。

8.4.3　注意事项

1　预制梁安装时，主梁和次梁深入支座长度与搁置长度应符合设计要求。

2　为了保证叠合次梁的吊装，现浇主梁的钢筋绑扎在次梁吊装之后进行，主梁钢筋绑扎完成后安装侧模。

3　与叠合板工序穿插：预制叠合梁吊装完毕后，开始吊装叠合板，叠合板吊装完毕后方可进行叠合梁上部钢筋绑扎（图 8.4.3）。

4　水平构件就位的同时，根据标高控制线，调节支撑高度，控制水平构件标高。

5　支撑立杆距水平构件支座处不应大于 500mm，间距严格按照专项施工技术方案进行控制。

图 8.4.3　叠合梁上部钢筋安装

8.5　预制叠合楼板安装

8.5.1　施工工艺流程

测量放线→搭设板底支撑→预制叠合楼板吊装→预制叠合楼板就位→预制叠合楼板校正定位

8.5.2　操作要点

1　测量放线

设置构件安装定位标识，在下层板面上进行测量放线，弹出尺寸定位线及支撑立杆定位线。

2　板底支撑架搭设

支撑立杆间距严格按专项施工技术方案设置，板端第一道支撑距梁边不大于 500mm，楼板支撑立杆搭设完毕后，安装梁模板、转角模板及板底铝合金工字梁，转角模板及工字梁均调整为同一标高平面，并在楼面梁模板处弹出安装控制线（图 8.5.2-1～图 8.5.2-4）。

3　预制楼板吊装

检查叠合楼板吊点数量、位置、质量，当叠合楼板吊点与上弦钢筋

图 8.5.2-1　支撑体系搭设（铝合金模板体系）

图 8.5.2-2　支撑体系搭设（木模板体系）

共用时，需注意钢筋加强的位置方可作为吊点。吊装时吊环同步起吊。待叠合板下放至500mm处，根据控制线进行微调，微调完成后缓慢下降，降至100mm时，观察叠合板的边缘是否与水平定位线对齐，确认无误后下降就位（图8.5.2-5、图8.5.2-6）。

8.5.3　注意事项

1　吊装前必须对每块叠合板型号核对清楚，严格按图施工，保证吊装方向及预埋位置准确。

图 8.5.2-3　支撑体系标高校核（铝模体系）

图 8.5.2-4　支撑体系标高校核（木模体系）

图 8.5.2-5 叠合板吊装（铝模体系）

图 8.5.2-6 叠合板吊装（木模体系）

2 支撑架体宜采用工具式支撑系统，首层支撑架体的地基须坚实，架体须有足够的强度、刚度及稳定性。

3 支撑立杆间距严格按照专项施工技术方案控制。

4 预制楼板安装前，现浇梁转角模板顶部、后浇板带需粘贴双面胶，叠合板吊装完毕后与之压实，防止漏浆（图 8.5.3-1～图 8.5.3-4）。

图 8.5.3-1　叠合楼板后浇板带粘贴双面胶（铝模体系）

图 8.5.3-2　现浇梁转角模板粘贴双面胶（铝模体系）

　　5　预制楼板安装应通过微调垂直支撑来控制水平标高。

　　6　注意预制楼板安装方向，保证叠合楼板上的水电预埋管（孔）位置准确。

　　7　预制楼板吊至梁、墙上方 300～500mm 后，应调整板位置使板锚固筋与梁箍筋错开，根据梁、墙上已放出的板边和板端控制线调整叠合楼板的位置，偏差不得大于 2mm，累积误差不得大于 5mm。板就位

图8.5.3-3　预制叠合梁端立板上部粘贴双面胶（木模体系）

图8.5.3-4　叠合楼板后浇板带粘贴双面胶（木模体系）

后调节支撑立杆，确保所有立杆平均受力。

8　预制叠合楼板吊装顺序，若图纸标明吊装顺序则严格按图施工，否则须按照专项施工技术方案制定的吊装顺序施工。在混凝土浇筑前，应校正预制构件的外伸钢筋。

9　叠合楼板外伸钢筋与剪力墙水平筋、暗柱箍筋及结构梁主筋碰撞时，剪力墙首道水平分布筋及暗柱定位箍筋绑扎至板底，待叠合楼板吊装完成后再进行水平筋及暗柱箍筋绑扎；梁主筋提前绑扎，梁箍筋弯钩端全部设置在梁底位置，交错布置，待叠合板安装完成后进行梁主筋复位（图8.5.3-5）；也可采用结构梁纵向受力钢筋、剪力墙水平定位筋及暗柱箍筋后绑扎的方式避免钢筋碰撞（图8.5.3-6）。

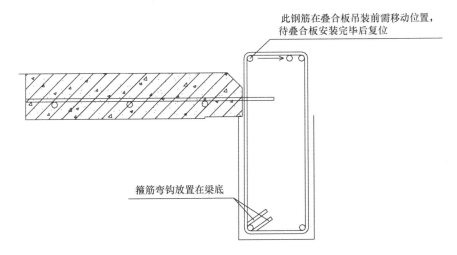

图8.5.3-5 框架梁上部钢筋临时移位

图8.5.3-6 框架梁上部钢筋后绑扎

10 施工集中荷载或受力较大部位应避开拼接位置。

8.6　预制楼梯安装

8.6.1　吊装工艺流程

预制楼梯构件编号检查确认→测量放线→清理安装面，设置垫片，铺设砂浆→预制楼梯吊装→调整校核安装位置→楼梯就位→楼梯固定、滑移支座处理→楼梯支座灌浆连接→楼梯段安装防护面，成品保护

1　在施工准备阶段，核对构件规格及编号，确认无误后进行安装。

2　预制楼梯位置测量放线，并标记在梯段上、放出安装部位的水平位置与标高控制线。

3　在支座处放置垫片，并铺设水泥砂浆找平层（图 8.6.1-1、图 8.6.1-2）。

图 8.6.1-1　铺设水泥砂浆找平层

图 8.6.1-2　放置垫片

4 采用吊钩及长短绳索吊装预制楼梯，通过调整葫芦对楼梯吊装姿态进行调整，吊装前校核楼梯水平度，要求楼梯两端同时降落至休息平台上（图 8.6.1-3）。

图 8.6.1-3 预制楼梯吊装模拟

待楼梯下放至距楼面 600mm 处，由专业操作工人手扶预制楼梯，根据水平控制线进行调整并缓慢下放楼梯，如有预留插筋，应注意将插筋与楼梯的预留孔洞对准后，将楼梯安装就位（图 8.6.1-4、图 8.6.1-5）。

图 8.6.1-4 预制楼梯现场吊装（一）

5 楼梯就位后，校核楼梯位置及标高，确认无误后再脱钩。

6 预制楼梯段安装过程中及吊装完成后应做好成品保护，成品保

图 8.6.1-5　预制楼梯现场吊装（二）

护可采取包、裹、盖、遮等有效措施，防止构件被撞击损伤和污染（图 8.6.1-6）。

图 8.6.1-6　成品保护

8.6.2　重点注意事项

1　预制楼梯构件应重点检查预埋钢筋螺栓的位置、型号、锚固方式是否正确，避免螺栓出现预埋偏位、漏埋的情况发生，同时注意区分滑动支座与固定支座构造做法（图 8.6.2-1～图 8.6.2-6）。

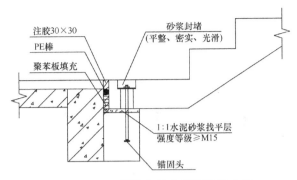

图 8.6.2-1 楼梯底部支撑滑动铰支座

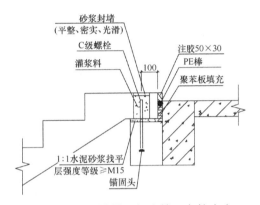

图 8.6.2-2 楼梯顶部支撑固定铰支座

图 8.6.2-3 预埋螺栓（木模体系）

图 8.6.2-4　预埋螺栓（铝模体系）

图 8.6.2-5　螺栓预埋偏位情况

图 8.6.2-6　螺栓漏埋

2 预制楼梯应在 N-1 层安装，待作业层的下一层楼梯间部位拆模完成后进行安装。

3 根据构件类型选择合适的吊具进行吊装，且钢绳与水平夹角不宜小于 60°，不应小于 45°。相关安装配件应提前制定采购计划并验收入场，以免影响吊装进度。

4 楼梯就位后，应立即调整并固定，避免因人员走动产生偏差。

5 预制楼梯无须再进行装饰面施工时，需提前确认建筑完成面标高，考虑建筑标高与结构标高的差异，确保预制楼梯安装标高与相应建筑标高保持一致。

8.7 预制凸窗安装

8.7.1 施工工艺流程

测量放线→反梁钢筋绑扎→标高调节螺母安装→凸窗吊装→安装临时斜支撑→调整凸窗垂直度及水平位置→安装固定槽钢→反梁钢筋复位→墙柱、反梁铝模安装

8.7.2 操作要点

1 测量放线

在预制凸窗位置（即下层凸窗顶部）及板面弹出水平定位线，将楼层水平标高控制线引至墙柱钢筋位置（图 8.7.2-1）。

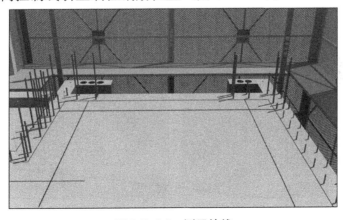

图 8.7.2-1 测量放线

2 反梁钢筋、墙柱钢筋绑扎

若凸窗与现浇结构连接方式为内浇外挂式，构件预留钢筋需与现浇结构连接，为避免凸窗吊装固定后现浇结构钢筋绑扎困难，应先进行反梁钢筋绑扎。

凸窗构件下部与反梁钢筋冲突处理：凸窗构件下部外伸钢筋与梁面纵筋冲突，先将梁面纵筋下移临时固定，待凸窗构件吊装完毕后，再将该梁的梁面纵筋及时复位。

3 标高调节螺母安装

为保证凸窗构件标高准确，在构件顶部设置 4 个预埋螺母（一边 2 个），通过拧入螺栓深浅程度调整螺栓面标高，并借助激光水准仪校核螺栓面标高（图 8.7.2-2～图 8.7.2-4）。

图 8.7.2-2 标高调节螺栓安装示意模型

图 8.7.2-3 标高调节螺栓安装

图 8.7.2-4 标高校核

4 凸窗吊装

预制凸窗吊装时，为了保证构件整体受力均匀，应采用专用吊具进行吊装（即模数化通用吊梁），根据各预制构件吊装时不同尺寸，不同吊点位置，设置模数化吊点，确保预制构件在吊装时钢丝绳保持垂直状态。专用吊梁下方设置专用吊钩，用于悬挂吊索。

预制凸窗吊装过程中，距楼面 1000mm 处减缓下落速度，慢速调整，安装人员使用缆风绳将构件拉住使构件缓慢降落至安装位置，构件距离落地面约 100mm 时，根据水平控制线轻推构件进行调整，引导墙体降落（图 8.7.2-5、图 8.7.2-6）。

图 8.7.2-5 预制凸窗吊装（一）

图 8.7.2-6　预制凸窗吊装（二）

5　临时支撑系统安装

预制凸窗的临时支撑系统由 4 组带可调节螺杆的斜撑组成，2 组长斜撑及 2 组短斜撑（图 8.7.2-7、图 8.7.2-8）。

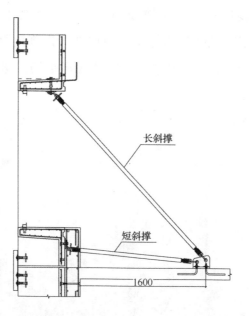

图 8.7.2-7　预制凸窗斜撑大样

图 8.7.2-8 预制凸窗斜撑安装

6 预制凸窗板精确调节

1）平行预制凸窗方向水平位置校正措施：预制凸窗按照定位线就位后，若仍出现位置偏差需要调节时，可利用小型千斤顶在预制凸窗侧面进行微调。

2）垂直预制凸窗方向水平位置校正措施：利用短斜撑调节杆，进行预制凸窗水平位置调整。

3）预制凸窗垂直度校正措施：待预制凸窗水平位置调整完毕后，利用长斜撑调节杆，通过可调节装置对预制凸窗顶部的水平位移进行调节来控制其垂直度（图 8.7.2-9～图 8.7.2-11）。

图 8.7.2-9 预制凸窗长斜撑、短斜撑作用

图 8.7.2-10　预制凸窗调整

图 8.7.2-11　垂直度校核

4）调整完毕后拧紧定位槽钢螺栓进行固定（螺母与槽钢之间设置垫片），限制凸窗水平位移，同时拆除短斜撑并安装模板（图 8.7.2-12～图 8.7.2-14）。

图 8.7.2-12　定位槽钢安装示意模型

图 8.7.2-13 定位槽钢现场安装

图 8.7.2-14 槽钢增加垫片

7　密封胶施工

1）具体施工顺序为：预制墙板吊装前，先在下面一层板的顶部粘贴好 PE 棒，然后在预制凸窗结构之间粘贴橡胶皮，施工完成后再次进行密封胶施工，密封胶类型选用改性硅烷结构密封胶（图 8.7.2-15）。

图 8.7.2-15　PE 棒安装效果

2）密封胶施工步骤：基层清理→贴美纹纸→涂刷底涂→施胶→胶面修整→清理美纹纸。

① 基层清理

首先用角磨机清理水泥浮浆，再用钢丝刷清理杂质及不利于粘结的异物，最后用羊毛刷清理残留灰尘。

② 粘贴美纹纸

美纹纸胶带应遮盖住边缘，要注意纸胶带本身的顺直美观（图 8.7.2-16）。

图 8.7.2-16　粘贴美纹纸

③ 涂刷底涂

为使密封胶与基层更有效粘结，施打前可先用专用的配套底涂料涂刷一道做基层处理。底涂涂刷应一涂刷好，避免漏刷以及来回反复涂刷，底涂应晾置完全干燥后才能施胶（具体时间以材料性能为准）。

④ 施胶

施胶前应确保基层干净、干燥，并确保宽深比 A∶B 为 2∶1 或 1∶1。施胶时胶嘴探到接缝底部，保持匀速连续施打足够的密封胶并有少许外溢，避免胶体和胶条下产生空腔。当接缝宽度大于 30mm 时，应分两步施工，即施打一半之后用刮刀或刮片下压密封胶，然后再施打另一半（图 8.7.2-17）。

图 8.7.2-17　施胶

⑤ 胶面修整

密封胶施工完成后用压舌棒、刮片或其他工具将密封胶刮平压实，用抹刀修饰出平整的凹形边缘，加强密封胶效果，禁止来回反复刮胶动作，保持刮胶工具干净（图 8.7.2-18）。

图 8.7.2-18　修整

⑥ 清理

密封胶修整完后清理美纹纸胶带,美纹纸胶带必须在密封胶表凝固之前揭下。

8.7.3 重点注意事项

1 当凸窗为内浇外挂的结构形式时,需考虑反坎、暗柱的钢筋碰撞问题,当凸窗吊装时,与之相连的暗柱箍筋先不绑扎,反坎纵向受力钢筋放置在底部,待凸窗吊装完毕后进行钢筋绑扎与复位。

2 凸窗安装起步节点切勿遗漏,预埋件按图纸要求埋设(图8.7.3)。

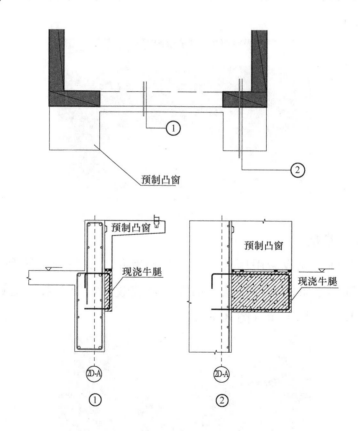

图 8.7.3 凸窗安装首层节点大样 (示例)

8.8 预制阳台安装

8.8.1 施工工艺流程

测量放线→搭设支撑体系并进行标高调节→预制阳台吊装→预制阳台校正就位

8.8.2 操作要点

1 测量放线

测量放线包括在室内墙面弹出标高及水平控制线。

2 板底支撑架搭设

搭设预制阳台独立支撑体系，支撑间距严格按专项施工技术方案设置，距结构不得超过 500mm，支撑上设置可调顶托，顶托上设置工字钢梁；根据标高，利用可调式顶托调整安装标高，检查立杆是否稳固，确认安全后进行预制阳台吊装工作（图 8.8.2-1）。

图 8.8.2-1 支撑架体搭设

3 预制阳台吊装

吊装前先检查预埋构件内的吊环质量是否满足吊装要求，确认无误后开始试吊，构件试吊时离地不大于 500mm。起吊后逐级增加速度，不得越档操作（图 8.8.2-2）。

图 8.8.2-2　预制阳台吊装

4　预制阳台校正定位

预制阳台距离安装面约 1m 时，应放慢速度，预制阳台距离安装标高 300mm 时根据水平控制线轻推预制阳台进行初步定位，缓慢下落过程中精确就位。

8.8.3　注意事项

1　吊装前必须对阳台型号进行核对，严格按图施工。

2　构件安装前应编制支撑方案，首层支撑架体的地基必须坚实，架体须有足够的强度、刚度和稳定性，严格按专项施工技术方案施工。

3　预制阳台安装前，应复核支撑架体稳定性及水平标高。

4　预制阳台吊至支撑架上方 300～500mm 后，应调整好阳台位置使阳台板面锚固筋与梁箍筋错开，根据梁、墙上已放出的板边和板端控制线，准确就位，偏差不得大于 2mm，累积误差不得大于 5mm。阳台就位后调节支撑立杆，确保所有立杆全部受力。

5　预制阳台吊装顺序，若图纸标明吊装顺序则严格按图施工，否则按照专项施工技术方案确定的吊装顺序进行施工。在混凝土浇筑前，应校正预制构件的外伸钢筋，外伸钢筋深入支座时，钢筋不得弯折。

6　预制阳台吊装时，由于阳台梁侧锚固较长，现场宜采用从上往下垂直就位吊装方式，与之相交暗柱箍筋、剪力墙水平筋需后绑，平行于预制阳台长边方向现浇梁主筋提前绑扎在一侧，梁箍筋弯钩端全部设置在梁底位置，交错布置，待阳台安装完成后进行梁主筋复位（图 8.8.3）。

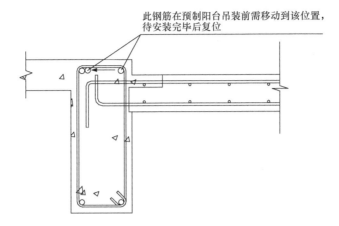

图 8.8.3　与预制阳台交接处现浇梁钢筋绑扎方案

8.9　预制内隔墙板安装

8.9.1　隔墙板分类

按材料组成可分为 GRC 轻质隔墙板（玻璃纤维增强水泥）、GM 板（硅镁板）、陶粒板和石膏板，常用厚度尺寸有 90mm、120mm、150mm 规格，宽度 600～1200mm，长度 2500～4000mm。

8.9.2　施工工艺流程

清理基层→测量放线→连接件安装→墙板安装→缝隙处理→清洁保护

8.9.3　操作要点

1　测量放线

沿地、墙、顶弹出隔墙的中心线及宽度线，宽度应与隔墙厚度一致，弹线清晰，位置准确。应注意以轴线为控制线进行放线。

2　连接件安装

板材与基体结构采用连接件固定，连接件间距应符合相关规范要求，条板与顶板、结构梁、主体墙和柱之间的连接应采用钢卡，并应使用胀管螺栓、射钉固定。条板与顶板、结构梁的接缝处，钢卡间距不应大于 600mm，且每板不少于 2 个卡件。条板与主体墙、柱的接缝处，钢卡可间断布置，且间距不应大于 1m。当条板安装长度超过 6m 时，应设置构造柱，并应采取加固措施（图 8.9.3-1～图 8.9.3-4）。

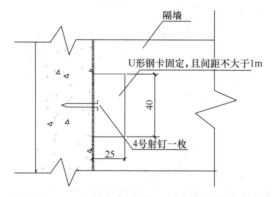

图 8.9.3-1 隔墙与结构柱、剪力墙连接节点图

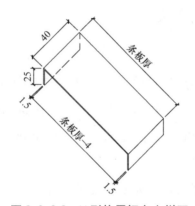

图 8.9.3-2 U形抗震钢卡大样图

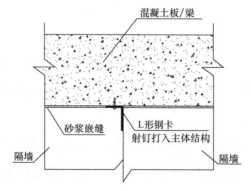

图 8.9.3-3 隔墙与梁/板连接节点图

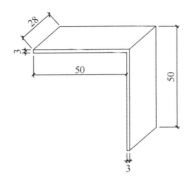

图 8.9.3-4　L形钢卡大样图

3　墙板安装

1）条板施工前，应先清理基层，对光滑地面应进行凿毛处理；然后按排板图放线，标出每块条板安装位置、门窗洞口位置，放线应清晰，位置应准确。对于有防潮、防水要求的条板，应先做好细石混凝土墙垫。

2）条板应从主体墙、柱的一端向另一端按顺序安装；当有门洞口时，宜从门洞口向两侧安装。

3）应先安装定位板；可在条板的企口处、板的顶面均匀满刮粘结材料，空心条板的上端宜局部封孔，上下对准定位线立板；条板下端距地面的预留安装间隙宜保持在 30～60mm，并可根据需要调整。

4）用粘结材料将板与板之间的对接缝隙填满、灌实，板缝间隙应揉挤严密，被挤出的粘结材料应刮平匀实（图 8.9.3-5、图 8.9.3-6）。

图 8.9.3-5　刮涂粘结材料

图 8.9.3-6 内隔条板安装

5）在条板下部打入木楔，并应楔紧，且木楔的位置应选择在条板的实心肋处；调整木楔，两个木楔为一组，使条板就位，可将板垂直向上挤压，顶紧梁、板底部，调整好板的垂直度后再固定（图 8.9.3-7）。

图 8.9.3-7 底部塞木楔

6）用干硬性细石混凝土将条板与楼地面空隙填实，预留空隙在40mm 及以下的宜填入 M20 水泥砂浆，40mm 以上的宜填入 C25 细石混凝土。

7）待立板养护 3d 后取出木楔，遗留空隙应采用相同强度等级的水泥砂浆或细石混凝土填塞、捣实。

8）如有机电栓箱、箱体、卫生间柜体或嵌墙安装时，应提前安装独立钢架或支撑后再进行墙体安装。

4　缝隙处理

接缝处理前，应检查所有的板缝，清理接缝部位，补满破损孔隙，清洁墙面。

1）条板企口接缝处先用粘结材料打底，再使用粘结砂浆将条板接缝处填实，表层采用与条板相适应的材料抹面并刮平压光。

2）条板阴阳角处以及条板与建筑主体结构结合处应作专门防裂处理。

8.9.4　重点注意事项

1　接板安装的单层条板隔墙，条板对接部位应有连接措施，其安装高度应符合下列规定：

1）90mm、100mm 厚条板隔墙的接板安装高度不应大于 3.6m。

2）120mm、125mm 厚条板隔墙的接板安装高度不应大于 4.5m。

3）150mm 厚条板隔墙的接板安装高度不应大于 4.8m。

4）180mm 厚条板隔墙的接板安装高度不应大于 5.4m。

5）其他厚度的条板隔墙的接板安装高度，可与设计单位协商，另行设计，并应提交抗冲击性能检测报告。当安装高度超过允许最大值时，应增设钢梁等构件。

2　应按顺序安装条板，将板榫槽对准榫头拼接，条板与条板之间应紧密连接；应调整好垂直度和相邻板面的平整度，并应待条板的垂直度、平整度检验合格后，再安装下一块条板。

3　门、窗洞框板的安装应符合下列规定：

1）门、窗框板安装时，应按排板图标出的门窗洞口位置，先对门窗框板定位，再从门窗洞口向两侧安装隔墙。门、窗框板安装应牢固，与条板或主体结构连接应采用专用粘结材料粘结，并应采取加网防裂措施，连接部位应密实、无裂缝。

2）确定条板上预留门、窗洞口位置时，应选用与隔墙厚度相适应的门、窗框。当采用空心条板作门、窗框板时，距板边 120～150mm 范围内不得有空心孔洞，可将空心条板的第一孔用细石混凝土灌实。

3）门、窗框板靠门、窗框一侧应设置固定门窗的预埋件，采用胀管螺栓或其他加固件与门、窗框固定，并应根据门窗洞口大小确定固定位置和数量，且每侧的固定点不应少于 3 处。

4 条板的接缝处理应在门窗框、管线安装完毕不少于 7d 后进行。接缝处理前，应检查所有的板缝，清理接缝部位，补满破损孔隙，清洁墙面。

5 安装隔墙板材所需预埋件（或后置埋件）、连接件的位置、数量、规格、连接方法及防腐处理必须符合设计和相关规范的要求。

6 隔墙板材的品种、规格、颜色和性能应符合设计要求。有隔声、隔热、阻燃、防潮等特殊要求的工程，材料应有相应性能等级的检测报告。

7 隔墙板材安装应牢固、位置正确，板材不应有裂缝或缺损。

8 隔墙板材所用接缝材料的品种及接缝方法应符合设计要求。

9 板材隔墙表面应光洁、平顺、色泽一致，接缝应均匀、顺直。

10 隔墙上的孔洞、槽、盒应位置正确、套割顺直、边缘整齐。

9 检测与验收

9.1 检测

9.1.1 钢筋检测

1 钢筋进厂时，应全数检查外观质量，并应按国家现行有关标准的规定抽取试件做屈服强度、抗拉强度、伸长率、弯曲性能和重量偏差检验，检验结果应符合相关标准的规定，检查数量应按进厂批次和产品的抽样检验方案确定。

2 成型钢筋进厂检验应符合下列规定：

1）同一厂家、同一类型且同一钢筋来源的成型钢筋，不超过 30t 为一批，每批中每种钢筋牌号、规格均应至少抽取 1 个钢筋试件，总数不应少于 3 个，进行屈服强度、抗拉强度、伸长率、外观质量、尺寸偏差和重量偏差检验，检验结果应符合国家现行有关标准的规定。

2）对由热轧钢筋组成的成型钢筋，当有企业或监理单位的代表驻厂监督加工过程并能提供原材料力学性能检验报告时，可仅进行重量偏差检验。

9.1.2 水泥检测

同一厂家、同一品种、同一代号、同一强度等级且连续进厂的硅酸盐水泥，袋装水泥不超过 200t 为一批，散装水泥不超过 500t 为一批；按批抽取试样进行水泥强度、安定性和凝结时间检验，设计有其他要求时，尚应对相应的性能进行试验，检验结果应符合现行国家标准《通用硅酸盐水泥》GB 175 的有关规定。

9.1.3 矿物掺合料检测

同一厂家、同一品种、同一技术指标的矿物掺合料，粉煤灰和粒化高炉矿渣粉不超过 200t 为一批，硅灰不超过 30t 为一批。

9.1.4 减水剂检测

1 同一厂家、同一品种的减水剂，掺量大于 1％（含 1％）的产品不超过 100t 为一批，掺量小于 1％的产品不超过 50t 为一批。

2 按批抽取试样进行减水率、1d 抗压强度比、固体含量、含水率、pH 值和密度试验。

9.1.5 骨料检测

1 同一厂家（产地）且同一规格的骨料，不超过 400m³ 或 600t 为一批。

2 天然细骨料按批抽取试样进行颗粒级配、细度模数含泥量和泥块含量试验。

3 天然粗骨料按批抽取试样进行颗粒级配、含泥量、泥块含量和针片状颗粒含量试验，压碎指标可根据工程需要进行检验。

9.1.6 混凝土试块抗压试验

预制构件运输至现场前，构件厂须在有资质的检测机构取得混凝土抗压试验的试验报告等资料，资料须齐全、有效，并随构件一同送至现场，作为构件进场验收材料之一。

9.1.7 保温材料检测

1 同一厂家、同一品种且同一规格，不超过 5000m² 为一批。

2 按批抽取试样进行导热系数、密度、压缩强度、吸水率和燃烧性能。

9.2 内部验收

9.2.1 验收人员组成

集团：技术中心、工程管理中心

分公司：分公司总工程师、项目部技术总工、装配式建筑主管工程师、机电各专业工程师及驻场监造人员。

9.2.2　验收内容与标准

模具验收内容：见本书"5.2.4 驻场工作内容第 2 款"。

模具验收标准：见本书表 5.2.4-1、表 5.2.4-2。

首件验收内容：见本书"5.2.4 驻场工作内容第 7 款"。

首件验收标准：见本书表 5.2.4-4、表 5.2.4-5、表 5.2.4-6。

9.3　工程验收

9.3.1　一般规定

1　装配式混凝土建筑施工应按现行国家标准《建筑工程施工质量验收统一标准》GB 50300 的有关规定进行单位工程、分部工程、分项工程和检验批的划分和质量验收。检验批及分项工程应由监理工程师（建设单位项目技术负责人）组织施工单位项目专业质量（技术）负责人等进行验收。分部工程应由总监理工程师（建设单位项目负责人）组织施工单位项目负责人和技术、质量负责人等进行验收；地基与基础、主体结构分部工程的勘察、设计单位工程项目负责人和施工单位技术、质量部门负责人也应参加相关分部工程验收。单位工程完工后，施工单位应自行组织有关人员进行检查评定，并向建设单位提交工程验收报告。建设单位收到工程验收报告后，应由建设单位项目负责人组织施工（含分包单位）、设计、监理、勘察等单位进行单位工程验收。根据装配式施工特点及穿插流水施工需要，应与行业监督部门沟通协调，分段验收。

2　装配式混凝土建筑的装饰装修、机电安装等分部工程应按国家现行标准的有关规定进行质量验收。

3　装配式混凝土结构应按混凝土结构子分部工程进行验收；当结构中部分采用现浇混凝土结构时，装配式结构部分可作为混凝土结构子分部的分项工程进行验收。

4　装配式混凝土结构按子分部工程进行验收时，可划分为预制构件模板、钢筋加工、钢筋安装、混凝土浇筑、预制构件、安装与连接等分项工程，各分项工程可根据与生产和施工方式相一致且便于控制质量的原则，按进场批次、工作班、楼层、结构缝或施工段划分为若干检验批。

装配式混凝土结构子分部工程的质量验收，应在相关分项工程验收合格的基础上，进行质量控制资料检查及观感质量验收，并应对涉及结构安全、有代表性的部位进行结构实体检验。

分项工程的质量验收应在所含检验批验收合格的基础上，进行质量验收记录检查。

5 装配式混凝土建筑在混凝土结构子分部工程完成分段或整体验收后，方可进行装饰装修的部品安装施工。

9.3.2 验收内容及标准

1 预制构件临时固定措施应符合设计、专项施工方案要求及国家现行有关标准的规定。

检查数量：全数检查。

检验方法：观察检查，检查施工方案、施工记录或设计文件。

2 工程应用套筒灌浆连接时，应由接头提供单位提交所有规格接头的有效型式检验报告。验收时应核查下列内容：

1）工程中应用的各种钢筋强度级别、直径对应的型式检验报告应齐全，报告应合格有效。

2）型式检验报告送检单位与现场接头提供单位应一致。

3）型式检验报告中的接头类型，灌浆套筒规格、级别、尺寸，灌浆料型号与现场使用的产品应一致。

4）型式检验报告应在 4 年有效期内，可按灌浆套筒进场验收日期确定。

5）报告内容应符合现行行业标准《钢筋套筒灌浆连接应用技术规程》JGJ 355 的相关规定。

3 灌浆施工前，应对不同钢筋生产企业的进场钢筋进行接头工艺检验；施工过程中，当更换钢筋生产企业，或同生产企业生产的钢筋外形尺寸与已完成工艺检验的钢筋有较大差异时，应再次进行工艺检验。接头工艺检验应符合下列规定：

1）灌浆套筒埋入预制构件时，工艺检验应在预制构件生产前进行；当现场灌浆施工单位与工艺检验时的灌浆单位不同，现场灌浆前再次进行工艺检验。

2）工艺检验应模拟施工条件制作接头试件，并应按接头提供单位提供的施工操作要求进行。

3）每种规格钢筋制作 3 组套筒灌浆连接接头，并应检查灌浆质量。

4）采用灌浆料拌合物制作的 40mm×40mm×160mm 试件不应少于 1 组。

5）接头试件及灌浆试件应在标准养护条件下养护 28d。

6）每个钢筋套筒灌浆连接接头的抗拉强度不应小于连接钢筋抗拉强度标准值，且破坏时应断于接头外钢筋；每个钢筋套筒灌浆连接接头的屈服强度不应小于连接钢筋屈服强度标准值；3 个接头试件残余变形的平均值应符合现行行业标准《钢筋套筒灌浆连接应用技术规程》JGJ 355 中的有关规定；灌浆料抗压强度应符合现行行业标准《钢筋套筒灌浆连接应用技术规程》JGJ 355 中规定的 28d 强度要求。

7）接头试件在量测残余变形后可再进行抗拉强度试验，并应按现行行业标准《钢筋机械连接技术规程》JGJ 107 中规定的钢筋机械连接型式检验单向拉伸加载制度进行试验。

8）第一次工艺检验中 1 个试件抗拉强度或 3 个试件的残余变形平均值不合格时，可再抽取 3 个试件进行复验，复验有不合格项则判为工艺检验不合格。

4 采用钢筋套筒灌浆连接时，应在构件生产前进行钢筋套筒灌浆连接接头的抗拉强度试验。试验采用与套筒相匹配的灌浆料制作对中连接接头试件，抗拉强度应符合现行行业标准《钢筋套筒灌浆连接应用技术规程》JGJ 355 的规定。

检查数量：同一批号、同一类型、同一规格的灌浆套筒，不超过1000个为一批，每批随机抽取 3 个灌浆套筒制作对中连接接头试件。

检验方法：按现行国家标准《钢筋套筒灌浆连接应用技术规程》JGJ 355 的相关规定执行。

5　钢筋采用套筒灌浆连接、浆锚搭接连接时，灌浆应饱满、密实，所有出口均应出浆。

检查数量：全数检查。

检验方法：检查灌浆施工质量检查记录、有关检验报告。

6　钢筋套筒灌浆连接及浆锚搭接连接用的灌浆料强度应满足设计要求。用于检验抗压强度的灌浆料试件应在施工现场制作。

检查数量：按批检验，以每层为一检验批；每工作班取样不得少于 1 次，每楼层取样不得少于 3 次。每次抽取 1 组 40mm×40mm×160mm 的试件，标准养护 28d 后进行抗压强度试验。

检验方法：检查灌浆料抗压强度试验报告及评定记录。

7　预制构件底部接缝坐浆强度应满足设计要求。

检查数量：按检验批，以每层为一检验批，每工作班应制作一组且每层不应少于 3 组边长为 70.7mm 的立方体试件，标准养护 28d 后进行抗压强度试验。

检验方法：检查坐浆材料强度试验报告及评定记录。

8　当施工过程中灌浆料抗压强度、灌浆质量不符合要求时，应由施工单位提出技术处理方案，经监理、设计单位认可后进行处理，且经处理后的部位应重新验收。

检查数量：全数检查。

检验方法：检查处理记录。

9　装配式结构采用现浇混凝土连接构件时，构件连接处后浇混凝土的强度应符合设计要求。

检查数量：同一配合比的混凝土，每工作班且建筑面积不超过1000m² 应制作 1 组标准养护试件，同一楼层应制作不少于 3 组标准养护试件。

检验方法：检查混凝土强度报告。当叠合层或连接部位的后浇混凝土与现浇结构同时浇筑时，可合并验收，对有特殊要求的后浇混凝土应单独制作试块进行检验评定。

10 钢筋采用焊接连接时，其接头质量应符合现行行业标准《钢筋焊接及验收规程》JGJ 18 的规定。

检查数量：按现行行业标准《钢筋焊接及验收规程》JGJ 18 的有关规定确定。

检验方法：检查质量证明文件及平行加工试件的检验报告。

考虑到装配式混凝土结构中钢筋连接的特殊性，很难做到连接试件原位截取，故要求制作平行加工试件。平行加工试件应与实际钢筋连接接头的施工环境相似，并宜在工程结构附近制作。

11 钢筋采用机械连接时，其接头质量应符合现行行业标准《钢筋机械连接技术规程》JGJ 107 的规定。

检查数量：按现行行业标准《钢筋机械连接技术规程》JGJ 107 的规定确定。

检验方法：检查质量证明文件、施工记录及平行加工试件的检验报告。

平行加工试件应与实际钢筋连接接头的施工环境相似，并宜在工程结构附近制作。钢筋采用机械连接时，螺纹接头应检验拧紧扭矩值，挤压接头应量测压痕直径，检验结果应符合现行行业标准《钢筋机械连接技术规程》JGJ 107 的规定。

12 预制构件采用焊接、螺栓连接等连接方式时，其材料性能及施工质量应符合国家现行标准《钢结构工程施工质量验收标准》GB 50205 和《钢筋焊接及验收规程》JGJ 18 的相关规定进行检查验收。

检查数量：按国家现行标准《钢结构工程施工质量验收标准》GB 50205 和《钢筋焊接及验收规程》JGJ 18 的规定确定。

检验方法：检查施工记录及平行加工试件的检验报告。在装配式结构中，常会采用钢筋或钢板焊接、螺栓连接等"干式"连接方式，此时钢材、焊条、螺栓等产品或材料应按批进行进场检验，施工焊缝及螺栓连接质量应按国家现行标准《钢结构工程施工质量验收标准》GB 50205 和《钢筋焊接及验收规程》JGJ 18 的相关规定进行检查验收。

13 装配式结构施工后，其外观质量不应有严重缺陷，且不应有影响结构性能和安装、使用功能的尺寸偏差。

检查数量：全数检查。

检验方法：观察，量测；检查处理记录。

14 外墙板接缝处的防水性能应符合设计要求。

检查数量：按批检验。每1000m²外墙面积应划分为一个检验批，不足1000m²时也应划分为一个检验批；每个检验批每100m²应至少抽查一处，每处不得少于10m²。

检验方法：现场淋雨试验。淋水流量不应小于 5L/(m·min)，淋水试验时间不应少于 2h，检测区域不应有遗漏部位。淋水试验结束后，检查背面有无渗漏。

15 装配式结构施工后，其外观质量不应有一般缺陷。

检查数量：全数检查。

检验方法：观察，检查处理记录。

16 装配式结构施工后，预制构件位置、尺寸偏差及检验方法应符合设计要求；当设计无具体要求时，应符合表 9.3.2 的规定。

表 9.3.2　装配式结构构件位置和尺寸允许偏差及检验方法表

项　目		允许偏差（mm）	检验方法
构件轴线位置	竖向构件（柱、墙、桁架）	8	经纬仪及尺量
	水平构件（梁、楼板）	5	
标高	梁、柱、墙板楼板底面或顶面	±5	水准仪或拉线、尺量

续表 9.3.2

项　　目			允许偏差（mm）	检验方法
构件垂直度	柱、墙板安装后的高度	≤6m	5	经纬仪或吊线、尺量
		>6m	10	
构件倾斜度	梁、桁架		5	经纬仪或吊线、尺量
相邻构件平整度	梁、楼板底面	外漏	3	2m靠尺和塞尺量测
		不外露	5	
	柱、墙板	外漏	5	
		不外露	8	
构件搁置长度	梁、板		±10	尺量
支座、支垫中心位置	板、梁、柱、墙、桁架		10	尺量
墙板接缝	宽度		±5	尺量
	中心线位置		5	

检查数量：按楼层、结构缝或施工段划分检验批。在同一检验批内，对梁、柱和独立基础，应抽查构件数量的10%，且不应少于3件；对墙和板，应按有代表性的自然间抽查10%，且不应少于3间；对大空间结构，墙可按相邻轴线间高度5m左右划分检查面，板可按纵、横轴线划分检查面，抽查10%，且均不应少于3面。

9.4　验收结果及处理方式

9.4.1　装配式混凝土结构子分部工程施工质量验收合格应符合下列规定：

1 所含分项工程质量验收应合格。

2 应有完整的质量控制资料。

3 观感质量验收应合格。

4 结构实体检验结果应符合现行国家标准《混凝土结构工程施工质量验收规范》GB 50204 的要求。

9.4.2 当混凝土结构施工质量不符合要求时，应按下列规定进行处理：

1 经返工、返修或更换构件、部件的，应重新进行验收。

2 经有资质的检测机构按国家现行相关标准检测鉴定达到设计要求的，应予以验收。

3 经有资质的检测机构按国家现行相关标准检测鉴定达不到设计要求，但经原设计单位核算并确认仍可满足结构安全和使用功能的，可予以验收。

4 经返修或加固处理能够满足结构可靠性要求的，可根据技术处理方案和协商文件进行验收。

9.4.3 装配式混凝土结构子分部工程施工质量验收时，应提供下列文件和记录：

1 工程设计文件、预制构件深化设计图、设计变更文件。

2 预制构件、主要材料及配件的质量证明文件、进场验收记录、抽样复验报告。

3 钢筋接头的试验报告。

4 预制构件制作隐蔽工程验收记录。

5 预制构件安装施工记录。

6 钢筋套筒灌浆等钢筋连接的施工检验记录。

7 后浇混凝土和外墙防水施工的隐蔽工程验收文件。

8 后浇混凝土、灌浆料、坐浆材料强度检测报告。

9 结构实体检验记录。

10 装配式结构分项工程质量验收文件。

11 装配式工程的重大质量问题的处理方案和验收记录。

12 其他必要的文件和记录（宜包含 BIM 交付资料）。

9.4.4 装配式混凝土结构子分部工程施工质量验收合格后，应将所有的验收文件存档备案。

10 成品保护措施

10.1 一般措施

10.1.1 构件厂起模时注意强度控制，防止构件因强度不足断裂，构件拆模时，要注意棱角保护。

10.1.2 现场吊装中，严禁吊钩撞击部品，控制吊钩下落的高度和速度。

10.1.3 交叉作业时，应做好工序交接，不得对已完成工序的成品、半成品造成破坏。

10.1.4 在装配式混凝土建筑施工全过程中，应采取防止预制构件、部品及预制构件上的建筑附件、预埋件、预埋吊件等损伤或污染的保护措施。

10.1.5 遇有大风、大雨、大雪等恶劣天气时，应采取有效措施对存放的预制构件成品进行保护。

10.2 技术措施

10.2.1 构件在卸车堆放过程中注意成品保护，现场构件堆放与构件加工厂堆放要求一致，现场堆放场地要求平整坚实，对成品保护采取护、包、盖、封、挡等措施，针对不同情况，分别对成品进行挡板、栏杆隔离保护、用塑料布或纸包裹、覆盖，或对已完工部位进行局部封闭。

10.2.2 工程现场四周设置截水沟，并严格控制施工用水的跑、冒和滴、漏，从而保护现场成品。

10.2.3 预制楼梯铺设胶合板或竹胶板进行成品保护，以防构件混凝土边角受到破坏。

10.2.4 预制构件饰面砖、石材、涂刷、门窗等处宜采用贴膜保护或其他专业材料保护。安装完成后，门窗框应采用槽形木框保护。

10.2.5 连接止水条、高低口、墙体转角等薄弱部位，应采用定型保护垫块或专用式套件作加强保护。

10.3 管理措施

10.3.1 对及信号塔吊司机工进行技术、安全培训，加强工人的成品保护意识。

10.3.2 叠合板堆放就位后，切勿在其面上堆物或上人踩踏，造成构件破坏。

10.3.3 避免构件吊装出现返工的情况，以防在吊装返工过程中造成构件破坏。

10.3.4 成品运输做到堆放区域清洁、干燥，装车高度、宽度、长度符合规定，构件装卸车过程做到轻装轻卸，捆扎牢固，防止运输及装卸散落、损坏；部品出厂、运输过程及现场堆放，应置于专用堆放架，并在堆放架上设置橡胶垫保护；运输过程中，部品必须绑扎牢固，避免碰撞。

10.3.5 灌浆施工时，将散落在地上的灌浆料及时清理干净，搅拌用料做到工完场清。

10.3.6 施工梯架、工程用的物料等不得支撑、顶压或斜靠在部品上。

10.3.7 当进行混凝土地面等施工时，应防止物料污染、损坏预制构件和部品表面。

10.3.8 预制内外墙板、挂板宜采用专用支架直立存放，支架应有足够的强度和刚度，薄弱构件、构件薄弱部位和门窗洞口应采取防止变形开裂的临时加固措施。

11 安 全 措 施

11.1 构件生产安全措施

11.1.1 装配式混凝土建筑施工应执行国家、地方、行业和企业的安全生产法规和规章制度,落实各级各类人员的安全生产责任制。

11.1.2 预制厂区应设置各种安全警示标志,合理布置各类机械运行通道,交叉作业前应提前规划。

11.1.3 预制厂区操作人员应佩戴相应劳动保护用具,遵守各类机械操作规程。

11.1.4 拆模后处于不稳定状态的构件,在拆模、存放和运输前必须采取防倾覆措施,临时支撑架应牢固可靠,刚度和稳定性满足堆放要求,宜采用型钢制作。

11.1.5 预制构件混凝土的拌制、运输、浇筑、养护应符合相应的安全技术交底的具体要求。

11.1.6 预制构件的吊环位置及其构造应符合设计要求;构件预制场地应平整、坚实,不积水。

11.1.7 采用振动底模的方法振实混凝土时,底模应设在弹性支承上。

11.1.8 采用平卧重叠法预制构件时,下层构件混凝土强度应达到设计强度的30%以上后,方可进行上层构件混凝土浇筑,上下层混凝土之间应有可靠的隔离措施。

11.2 构件运输与堆放安全措施

11.2.1 构件的运输车辆应满足构件尺寸和载重要求,装卸与运输时应符合下列规定:

　　1 构件运输应设置带侧向护栏或其他固定措施的专用运输架对其进行运输，以适应运输时道路及施工现场场地不平整、颠簸情况下构件不发生倾覆的要求。

　　2 预制构件运输选用低跑平板车或大吨位卡车，行驶运输计划中规定的道路，并在运输过程中安全驾驶，防止超速或急刹车现象。

　　3 预制构件装卸时应配置指挥人员，统一指挥信号。装卸预制构件时应保证车体的平衡。

　　4 运输构件时，应采取防止构件移动、倾倒、变形等的固定措施。

　　5 运输构件时，应采取防止构件损坏的措施，对构件边角部或链索接触处的混凝土，设置保护衬垫。

　　6 外墙板、内墙板宜采用竖直立放运输，梁、楼板、阳台板、楼梯类构件宜采用平放运输，楼板叠放不超过 6 层，阳台板叠放不超过 4 层，楼梯叠放不超过 3 层。柱宜采用平放运输，采用立放运输时应有防止倾覆措施。

　　7 车辆进入现场后，必须停在平坦场地，车辆熄火后，必须及时进行前后轮固定防止溜车。

　　8 注意构件吊装顺序，防止由于构件吊装顺序不当导致车辆倾覆。

　　9 运输车场内行驶路线及临时堆场的地面必须坚实，充分考虑构件运送车辆的长度和重量，运输路线经过地下车库的，应编写地库顶板加固方案，对地面进行加固，以防顶板塌陷。

11.2.2 构件堆放应符合下列规定：

　　1 堆放场地应平整、坚实，并应有排水措施。

　　2 预埋吊件应朝上，标识宜朝向堆垛间的通道。

　　3 构件支垫应坚实，垫块在构件下的位置宜与脱模、吊装时的起吊位置一致。

　　4 重叠堆放构件时，每层构件间的垫块应上下对齐，堆垛层数应根据构件、垫块的承载力确定，并应根据需要采取防止堆垛倾覆的措施。

11.3 现场吊装安全措施

11.3.1 项目部应根据工程施工特点对重大危险源进行分析并予以公示，并制定相对应的安全生产应急预案。

11.3.2 项目部应对从事预制构件吊装作业及相关人员进行安全培训与交底，识别预制构件进场、卸车、存放、吊装、就位各环节的作业风险，并制定防控措施，同时做好培训教育记录。

11.3.3 安装作业开始前，应对安装作业区进行围护并做出明显的标识，拉警戒线，根据危险源级别安排旁站，严禁与安装作业无关的人员进入。

11.3.4 吊装前应检查预制构件临时支撑的搭设情况和可靠性，预制墙板应吊装就位并与临时支撑和相邻构件牢固连接后方可脱钩，脱钩人员严禁站在构件上操作。水平预制构件应在支撑架上调平并固定后方可摘钩。

11.3.5 施工作业使用的专用吊具、吊索、定型工具式支撑、支架等，应进行安全验算，使用中进行定期、不定期检查，确保其安全状态。

11.3.6 塔吊作业员严禁出现无证上岗、不遵守规范操作等情况。吊装工作前，都要根据专项施工技术方案进行交底工作。

11.3.7 在临边搭设定型化工具式防护栏杆。作业人员必须佩戴安全帽，高处作业所使用的设施和用具结构构造必须牢固可靠，作业人员必须佩戴安全带。

11.3.8 当构件进入施工现场后，要对吊点进行检查，检查无误后方可起吊。一些尺寸较大或形状较特殊的构件，在起吊时要用平衡吊具进行辅助。

11.3.9 对于刚进入施工现场的新员工进行专业培训，确保相关作业人员充分了解施工现场情况，确保施工安全。

11.3.10 吊装作业安全应符合下列规定：

    1 预制构件起吊后，应先将预制构件提升300mm左右后，停稳构件，检查钢丝绳、吊具和预制构件状态，确认吊具安全且构件平稳后，方可缓慢提升构件。

2 吊机吊装区域内，非作业人员严禁进入；吊运预制构件时，构件下方严禁站人，应在预制构件降落至距地面 1m 以内时作业人员方可靠近，构件就位固定后方可脱钩。

3 高空应通过揽风绳改变预制构件方向，严禁高空直接用手扶预制构件。

4 遇到雨、雪、雾天气，或者风力大于 5 级时，不得进行吊装作业。

5 安装预制墙板时，如需调整墙板下的垫块，必须先用木方垫在墙板下，方可用手调整。

6 采用压力灌注机械施工时，应经常检查管路、罐体的密封性和完整性，防止破损爆裂伤人。

12 绿 色 施 工

12.1 绿色施工管理

12.1.1 装配式混凝土结构施工宜按国家绿色施工标准规范的要求制定绿色施工专项方案，明确"四节一环保"（节地、节能、节水、节材和环境保护）具体措施和专项指标，并在整个施工过程中实施动态管理。对绿色施工效果进行综合评估，结果应符合国家、行业及项目所在地的相关绿色施工要求。

12.1.2 装配式混凝土建筑施工前，应进行总体方案优化，充分考虑绿色施工的总体要求，为绿色施工提供基础条件。

12.1.3 应对施工策划、材料采购、现场施工、工程验收等各阶段绿色施工进行控制，加强对整个绿色施工过程的管理和监督。

12.2 节材与材料资源利用

12.2.1 宜采用定型模板、工具式支撑体系和装配式围挡安全防护，提高周转率和使用效率。

12.2.2 构件、部品采购范围宜在施工现场 150km 以内。

12.2.3 贴面类材料构件在吊装前，应结合构件进行总体排版，减少非整块材料的数量，并随构件生产一次成型。

12.2.4 预制阳台、叠合板、叠合梁等宜采用工具式支撑体系，提高周转率和使用效率。

12.2.5 结构层现浇部分宜采用铝模体系，避免使用木模板，减少模板的投入量。

12.3 节水与水资源利用

12.3.1 现场道路和材料堆放场地周边应设排水沟，雨水污水应分流排放；工程用水应经处理达标后排入市政污水管网。

12.3.2 施工现场设置雨水回收系统，用于储存雨水，循环利用。

12.3.3 现场道路及临时堆场保洁洒水和冲洗宜优先采用施工循环水或雨水存水再利用，出口应设置节水型冲洗设施，对出场车辆进行冲洗。

12.4 节能与能源利用

12.4.1 应根据拟建建筑的结构特点、构件特点、施工进度及环境因素，合理布置堆放场地。构件实行分类堆码，避免二次转运，科学组织吊装作业，提高吊装工效。

12.4.2 现场宜采用节能高效型机械设备和节能灯具，实行分段分时自动化控制，降低能耗。

12.4.3 应采用先进机械、低噪声设备进行施工，机械设备废气排放应符合国家年检要求，机械设备应定期保养维护。

12.4.4 生产加工设备应及时关停或降低运行功率，避免空转。吊装、运输设备能力应与构件相匹配；吊装、垂直运输设备宜采用变频设备。

12.4.5 各类预埋件和预留孔洞与工厂化构件制作同步预留，不应采用后续二次预埋和现场钻孔方式。

12.5 节地与土地资源保护

12.5.1 施工、办公、生活区应合理布置，优化交通组织，现场临时道路布置应与原有及永久道路相结合，充分利用拟建道路为施工服务。

12.5.2 预制厂、施工现场临时堆场构件宜配合支撑架体采取竖放，减少场地占用面积。

12.5.3 现场各类预制构件应分别集中存放，并悬挂标识牌，严禁乱堆乱放，不得占用施工临时道路，并做好防护隔离。

12.6 环境保护

12.6.1 预制构件运输过程中，应保持车辆整洁，防止对场内道路的污染，并减少扬尘。

12.6.2 施工过程中产生的建筑垃圾应分类处理回收利用，胶粘剂、稀释剂等易燃、易爆化学制品的废弃物应及时收集并送至指定存储器内，按规定回收，严禁未经处理随意丢弃和堆放。

12.6.3 加强施工现场扬尘治理，现场应建立洒水清扫制度，配备洒水设备；对裸露地面、集中堆放的土方及易产生扬尘的车辆应采取封闭或遮盖措施；高空垃圾清运采用管道或垂直运输。

12.6.4 吊装作业指挥应使用对讲机传达指令；施工噪声排放应符合现行国家标准《建筑施工场界环境噪声排放标准》GB 12523 的规定。

12.6.5 在夜间施工时，应采取挡光措施；照明灯具加罩使透光方向集中在现场范围；电焊作业点适当遮挡，避免电焊弧光外泄。

12.6.6 夹心保温外墙板和预制外墙板内保温材料，采用粘结板块或喷涂工艺的保温材料，其组成原材料应彼此相容，并应对人体和环境无害。

13 与装配式建筑施工相配套的施工措施

13.1 铝合金模板施工

13.1.1 设计原则

1 外墙：预制外挂板＋剪力墙结构。外挂板兼作外模板，对拉钢筋位置需按外挂板预留位置施工，模板拼装需专门设计。

2 内剪力墙模板拼装按图施工，对拉杆位置铝合金模板需提前预留。

3 墙柱模板处需设置对拉螺杆，其横向设置间距不大于900mm，纵向设置间距不大于800mm。对拉螺杆起到固定模板和控制墙厚的作用。对拉螺杆为T16梯形牙螺杆。

4 墙柱模板背面设置有背楞，背楞设置间距不大于800mm。背楞材料为60mm×40mm×2.5mm的矩形钢管。

5 内剪力墙与预制墙对接位置的设计如图13.1.1-1所示。

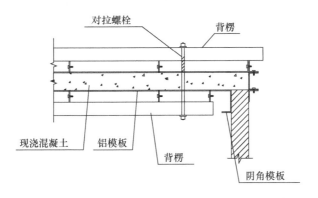

图 13.1.1-1 内剪力墙与预制墙对接位置图

6 外挂板与内墙剪力墙水平连接位置的设计处理：当两端现浇墙

均有拐角时，为避免预制混凝土构件的安装误差导致铝合金模板无法安装，可在一端设置微调构造，如图 13.1.1-2 所示。

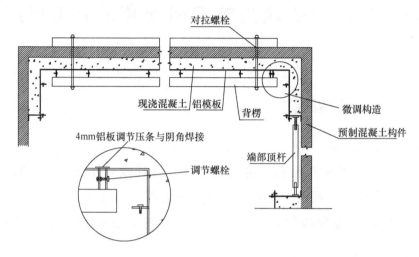

图 13.1.1-2　外挂板与内墙剪力墙水平连接图

7　外挂板与内墙剪力墙水平连接位置的设计处理：当两端现浇墙一端有拐角时，为避免因为预制混凝土构件的安装误差导致铝合金模板无法安装，可在一端设置微调构造，如图 13.1.1-3 所示。

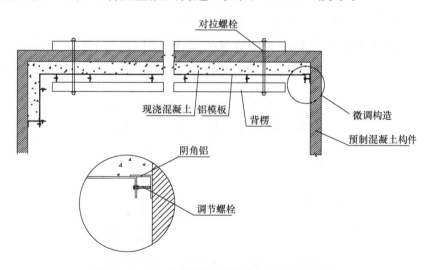

图 13.1.1-3　外挂板与内墙剪力墙水平连接图

8　外挂板与内墙剪力墙竖向连接位置的设计处理：竖向内墙板在顶部加装微调构造进行调整（图 13.1.1-4）。

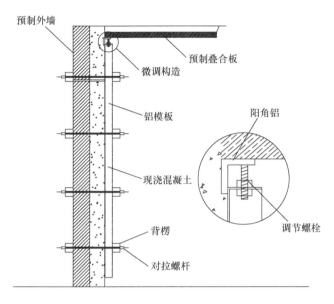

图 13.1.1-4　外挂板与内墙剪力墙竖向连接图

9　电梯井、采光井等位置根据外墙板来配模，需要注意的是，其上方需用角铁或者槽钢对其加固，以保证电梯井尺寸。电梯井内操作架搭设高度应与模板高度持平，操作架钢管距离模板间距至少 300mm，保证模板背楞有足够安装空间（图 13.1.1-5）。

图 13.1.1-5　电梯井、采光井等位置铝模加固完成图

10 转角背楞布置：内剪力墙柱在转角处的阳角位置如没有预制构件时，需用到带角铁的背楞，再用对拉螺杆将背楞锁紧（图 13.1.1-6）。

11 阳角模板布置方案如图 13.1.1-7 所示。

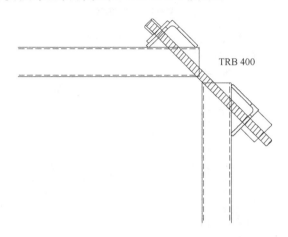

图 13.1.1-6 阳角部位背楞加固设计图

图 13.1.1-7 剪力墙阳角角钢＋斜拉螺杆加固

12 铝合金模板无背楞加固：如剪力墙柱端头两边均有预制构件，可在预制构件靠剪力墙柱边预埋对穿孔，铝合金模板安装时，铝合金模板两边可直接用对拉螺杆将预制构件与铝合金模板直接对位，可不设置背楞。

13.1.2　施工流程

1. 安装及注意事项

1）测量放线：包括模板定位线、模板控制标高测量、模板控制线（定位线外200mm）。一般模板放线与PC板放线同步进行，因此要特别注意把握时间及测量精度。测量放线开孔洞预留位置要提前做好模板深化工作并进行工厂预留。

2）拼装前确认模板编号、型号及数量。铝合金模板物料的传递与放置：铝合金模板拆除后，通过预留的传递孔往上传递，并按编号顺序放在相应位置。在开工前，施工策划时就必须考虑空洞预留，且要在模板生产过程中检查空洞的预留是否正确。

3）模板安装就位：按模板工况图顺序进行模板施工，每面模板按编号进行拼装，模板拼装图由厂家提供，现场需按图拼装，避免出现尺寸不一致或模板数量短缺等现象。

4）对拉螺杆安装：将PVC管套入螺杆，外墙螺杆拧进外墙板套筒2cm以上，将PVC管加工成固定长度，管套安装完成后仅需检查套管外露长度即可知道是否安装是否到位。

5）角铝安装。

6）安装背楞：背楞安装完成后，采用螺帽和垫片加固，并矫直模板垂直度。

7）模板垂直度调整、检测：在安装加固时必须严格控制模板垂直度，加固完成后必须安排专人进行检查，垂直度满足要求后方可进行混凝土浇筑。

8）板缝封堵：对因墙面、地面不平整造成模板与地面较大缝隙处可采用水泥砂浆填堵或采用橡胶条进行封堵，模板与预制墙板之间缝隙较小处可采用双面胶条封堵（严禁使用泡沫胶堵缝）。

9）混凝土浇筑：混凝土一次浇筑到设计标高时会产生较大的侧压力，使外挂墙板在压力作用下产生位移，为防止这种情况的发生，在浇筑有外挂墙板当外模板的剪力墙、柱时，应分层浇筑；分层浇筑时应注意，在下层浇筑的混凝土初凝之前浇筑上层混凝土，防止混凝土在浇筑时形成冷缝。

2. 拆模

1）模板拆除原则：应采用专门的拆模工具，以免对墙体模板造成损坏。拆模应先上后下，从右至左或从左至右，不得自中间向两边拆除。

2）拆模顺序：拆除背楞及穿墙螺杆→从端部拆除模板→模板清理→模板摆放整齐→如进度允许可向上传递模板→拆除 K 板、角铝→模板清理→堆放备用。

3）拆除操作注意事项

① 模板拆除后按顺序堆放整齐。

② 安排人员清除模板面上的砂浆残留并涂刷隔离剂。

③ 拆卸过程中需紧握拆除部分，防止坠落造成人员伤害及财产损失。

④ 梁底支撑不拆除。

⑤ 拆除的材料分类、分区堆放；模板堆放在一起时，所有模板必须平放，底部加垫木以防止模板变形。

⑥ 模板系统拆除时应文明施工，轻拿轻放，不要野蛮摔砸。

⑦ 清洁涂油后从转运通道人工运输到下一施工层。

13.1.3 铝合金模板施工工艺注意事项

1 墙柱支模前，应先投放墙柱边线、洞口线与控制线，其中墙柱控制线距墙边线 300mm。

2 在柱纵筋上标好楼层标高控制点，标高控制点为楼层+0.50m，墙柱的四角及转角处均设置，以检查楼板面标高。

3 斜撑间距不宜大于 2000mm，长度大于等于 2000mm 的墙体斜撑不应少于 2 根，柱模板斜撑间距不应大于 700mm，当柱截面尺寸大于 800mm 时，单边斜撑不宜少于 2 根。斜撑宜着力于竖向背楞。斜撑固定件应在混凝土初凝前进行预埋，固定件离墙间距应满足斜撑长边与地面夹角为 45°～60°、斜撑短边与地面夹角为 10°～20°的要求。

4　墙柱模板采用对拉螺栓连接时，最底层背楞距离楼面 200～300mm，外墙最上层背楞距离顶板不宜大于 300mm，内墙最上层背楞距离板顶不宜大于 700mm。

5　销钉销片施打：

1）竖向模板之间应用销钉锁紧，销钉间距不宜大于 300mm。当竖向模板宽度为 200～400mm 时，顶端与转角模板或承接模板连接处至少设置 2 个销钉；当竖向模板宽度大于 400mm 时，不应少于 3 个销钉。

2）楼板模板短边方向销钉间距不大于 150mm；长边方向销钉间距不大于 300mm。

梁侧阴角模板、梁底阴角模板与墙柱模板连接，每孔均应用销钉锁紧，孔间距不宜大于 100mm。

3）左右相邻梁侧模销钉间距不大于 300mm；上下相邻梁侧模之间销钉间距不应大 100mm，销钉大头朝上。

4）梁侧模板、楼板阴角模板拼缝宜相互错开，避免出现通缝。

5）转承板处销钉应满打。

13.1.4　预制构件配套设计

1　铝合金模板与预制构件交接部位应专门设计，提前确定铝合金模板加固形式与方案，保证预制构件上背楞对拉螺栓位置与铝模配套。

2　现浇构件与预制构件交接的部位应预留 10mm 缝隙，便于吊装。

3　通过优化铝合金模板斜撑的数量、位置，解决铝模斜撑与预制构件斜撑位置碰撞问题。

4　在预制构件与铝合金模板的拼接处粘贴双面胶，防止漏浆。

13.2 附着式升降脚手架施工

13.2.1 附着式升降脚手架简介

导轨式附着提升脚手架主要由竖向主框架、水平桁架、附着支座、可调承重顶撑、防坠装置、专用配电箱、环链式电动葫芦等部件组成。

1 竖向主框架由三节标准节组成，每节标准节的设计应符合安全施工要求，方便运输、安装及拆除。

2 底部水平桁架的结构设计应符合工程结构及防护脚手架荷载要求，部件尺寸规范，运输、安装、拆除作业简便。

3 附着支座集承重、防倾、防坠于一体，可调承重顶撑既能调节架体水平偏差，又能承重。

4 导轨式附着提升脚手架使用范围：仅限于主体施工的外防护，不得作为材料堆放平台级运输机构使用。

13.2.2 导轨附着电动提升脚手架的方案设计

1 提升架应从标准层结构板以上 1.2m 开始搭设，主体封顶后再进行空中拆除作业。

2 架体底部采用标准杆件搭设底部桁架，塔吊附墙部位、局部变截面及空调板或者标准杆模数不够的用普通钢管搭设，搭设跨度不应超过 2m，并用普通钢管做斜撑。

3 应结合外立面形式进行架体设计，重点应考虑工人操作方便、拆装快捷、人员通行便利、爬升支座附墙合理、防护安全严密等因素。

4 爬架深化设计工作应与铝合金模板、预制构件等深化设计同步进行；确定附墙支座及附墙提升支座设置位置。

5 附墙支座不宜设置在悬挑结构、预制构件以及由砌体外墙优化后的混凝土外墙上，如无法避免，则应按附墙要求进行受力复核计算及配筋设计。

6 附墙支座优化设计后如仍无法避免的设置在预制构件上的，应与设计协调，复核计算预制构件的安全性能，根据复核结果对预制构件进行配筋加强。

7 对于预制凸窗、预制阳台、预制空调板吊装时，为防止预制构件吊装时产生摆动，构件吊装时应在构件上设置缆风绳控制构件转动，保证构件平稳。现场作业时，一般需在构件根部两侧设置两根对称缆风绳，同时在两侧慢慢将构件拉至相应的施工楼层位置，然后平稳就位。

8 附着式升降脚手架构造应符合现行标准的相关规定。

9 应考虑预制凸窗、预制阳台、预制空调板吊装的空间要求。

13.2.3 导轨式附着电动提升脚手架的构造

1 提升脚手架应从标准层开始安装搭设，随施工进度逐层搭设至五层后，提升脚手架方可开始提升。

2 附着结构为钢梁标准件结构：使用工况安装三道附墙支座，提升工况安装应不少于两道附墙支座。

3 脚手架悬挑长度不大于 2m，悬挑大于 2m 的部位，以主框架为中心成对设置对称斜拉杆，其水平夹角不应小于 45°。

4 架体高度不得大于 5 倍楼高。

5 架体宽度不得大于 1.2m。

6 直线布置的架体支撑跨度不得大于 7m，折线或曲线布置的架体，相邻两主框架支撑点处的架体外侧距离不得大于 5.4m。

7 架体的水平悬挑长度不得大于 2m，且不得大于跨度的 1/2。

8 架体全高与支撑跨度的乘积不得大于 110m²。

9 架体上端悬臂部分不得超出 6m 且不应超高架体全高的 2/5。

10 附着式升降脚手架架体内侧与墙面的水平距离应控制在 200mm，并保证架体升降及预制构件吊装的需要。

13.2.4 导轨式附着电动提升脚手架的搭设安装

1 架体的安装与搭设

1）安装平台的搭设（图 13.2.4-1）

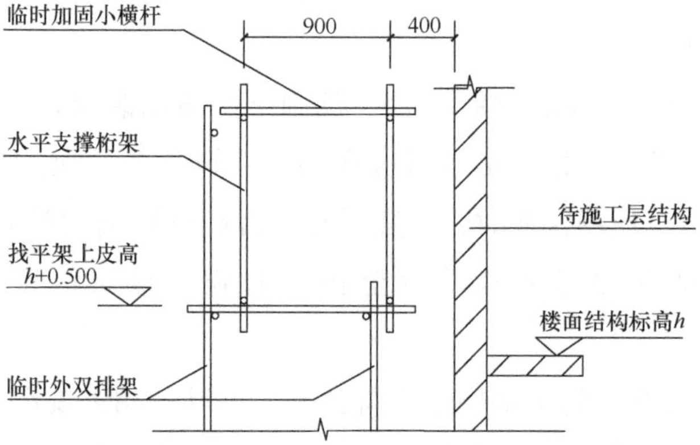

图 13.2.4-1　导轨式附着电动提升脚手架安装平台

提升脚手架在安装搭设前，首先利用扣件式脚手架搭设安装平台，承载安装主框架和底部桁架的竖向荷载，安装平台必须与结构附着连墙件连接。

2）主框架下节与桁架的组装

在地面将主框架用木方架摆放就位，安装连接底部桁架立杆（三通、二通、四通）、横杆、斜杆（角钢 L50×L50）。水平和垂直度不超过 10mm。调整合格后，将所有连接螺栓拧紧。在底部桁架外侧立杆内测 0.6m 处搭设加强杆（拦腰杆）；主框架上标注机位号码。

利用塔吊安装好的主框架与底部桁架，按照编号吊装到安装平台，按设计编号摆放定位，控制底部桁架与竖向主框架的安装偏差。将主框架与底部桁架与脚手架平台连接固定。安装过程中架体与工程结构间应采取扣件式连墙件水平拉撑措施，确保架体稳定（图 13.2.4-2）。

3）预埋穿墙螺栓孔

对应轨道中心线在结构施工层预埋 PVC 直径为 50mm 管件。测量管件中心轴横向尺寸，所测量尺寸做好相应记录，按标注尺寸进行定位预埋。特殊部位安装一个穿墙螺栓，标准钢梁和阳台钢梁以楼层地面为基准向上 2200mm，做预埋管。

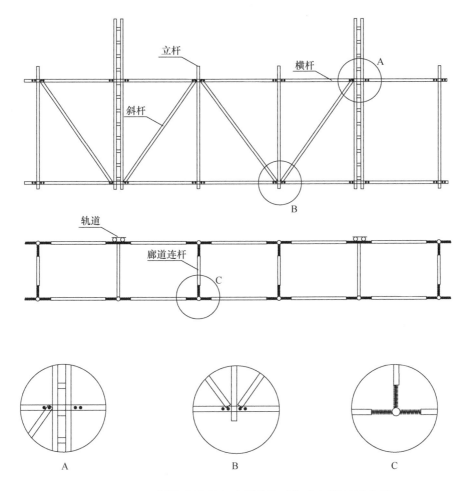

立杆

横杆

斜杆

A

B

轨道

廊道连杆

C

A   B   C

图 13.2.4-2 导轨式附着电动提升脚手架底部桁架示意图

4）主框架标准节的安装

用塔吊将主框架标准节中节吊起，和主框架下接点对正，装入螺栓，调整垂直度，拧紧螺栓。随施工进度安装标准节上节，调整总高垂直度不超过 50mm，拧紧螺栓（图 13.2.4-3）。

5）支座和调节顶撑的安装

清理预埋孔及附着钢梁所附着的结构平面，每根钢梁支座至少安装一根穿墙螺栓（M36×750mm），两端螺母拧紧后，露出 3 个

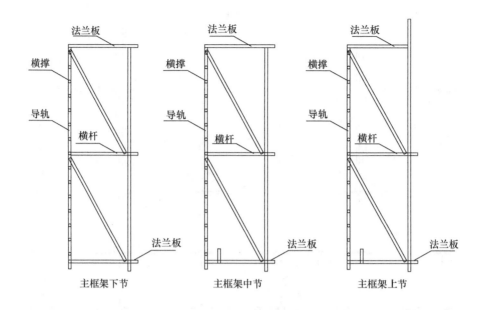

图 13.2.4-3 导轨式附着电动提升脚手架主框架标准节示意图

以上丝扣。钢梁的贴平墙面不得悬空不实。垂直度不超过 20mm（图 13.2.4-4）。

6）翻板及断片防护

架体底部防护必须做到不得有漏洞，翻板在架体一侧的必须固定在架体底部封板上。

2 拆除作业

1）按升降架的分段进行拆除，严禁全面进行拆除作业，拆除作业段楼层关窗上锁。

2）首先在拆除分段搭设的与结构连接的附着杆。

3）整个拆除作业，每主框架不得少于 2 个承重顶撑。

4）当脚手架拆至主框架底部桁架时，需整体拆除组架体。

5）中、下节主框架，附着支座拆除顺序：塔吊吊住中节上部——拆除附着支座内墙螺栓——吊中、下节框架至地面。

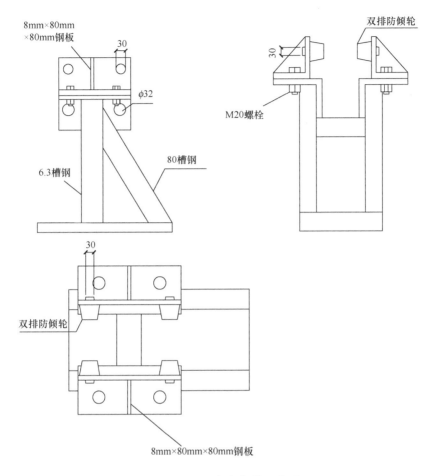

图 13.2.4-4　支座安装示意图

13.3　防水工程施工

　　PC 外墙间缝隙防水包括构造防水及材料防水，应遵循以构造防水为主，材料防水为辅的原则，外立面防水主要靠胶缝材料（物理性能）和空腔构造（构造性能）保证。

13.3.1　防水构造

　　装配式混凝土建筑的防水重点是预制构件间的防水处理，主要包括外挂板的防水和剪力墙结构建筑外立面防水。

1　外挂板防水施工

采用外挂板时，可以分为封闭式防水（图 13.3.1-1）和开放式防水（图 13.3.1-2）。

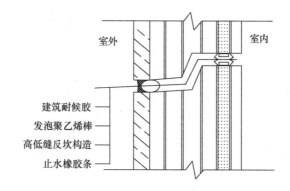

图 13.3.1-1　封闭式水平缝构造

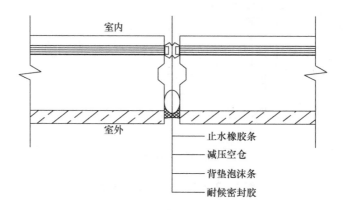

图 13.3.1-2　封闭式竖直缝构造

封闭式防水最外侧为耐候密封胶，中间部分为减压空仓和高低缝构造，内侧为互相压紧的止水带。在墙面之间的"十"字接头处的止水带之外宜增加一道聚氨酯防水，其主要作用是利用聚氨酯良好的弹性封堵橡胶止水带相互错动可能产生的细微缝隙。对于防水要求特别高的房间或建筑，可以在橡胶止水带内侧全面实施聚氨酯防水，以增强防水的可靠性。每隔 3 层左右的距离设一处排水管，可有效地将渗入减压空间的水引导到室外。

　　背衬材料宜采用发泡聚乙烯塑料棒，板缝宽度一般不宜大于
20mm，材料防水嵌缝深度不得小于 20mm，对于普通嵌缝材料，需要
做 15mm 厚保护层。

　　开放式防水的内侧和中间结构与封闭式防水基本相同，只是最外侧
防水不使用密封胶，而是采用一端预埋在墙板内，另一端伸出墙板外的
幕帘状橡胶条，橡胶条互相搭接起到防水作用。同时防水构造外侧间隔
一定距离设置不锈钢导气槽，同时起到平衡内外气压和排水的作用（图
13.3.1-3、图 13.3.1-4）。

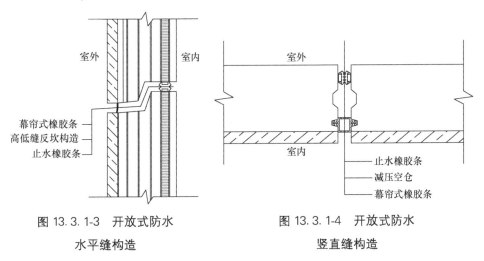

图 13.3.1-3　开放式防水
水平缝构造

图 13.3.1-4　开放式防水
竖直缝构造

2　剪力墙结构建筑外立面防水

　　采用装配式剪力墙结构时，外立面防水主要有胶缝防水、空腔构
造、后浇混凝土三部分组成。

　　垂直缝宜选用结构防水与材料防水结合的两道防水构造，水平缝宜
选用构造防水与材料防水结合的两道防水构造（图 13.3.1-5、图
13.3.1-6）。构造防水是指在板边缘利用企口缝或高低缝（水平缝）、直
缝（垂直缝）形成的排水空腔构造，材料防水则是指在接缝迎水面用密
封胶的密封处理，结构防水则是指板的四边与现浇梁板柱相接部位预留
干净的粗糙面，尽量消除新旧混凝土之间的施工缝可能带来的渗漏

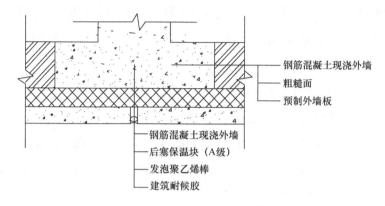

钢筋混凝土现浇外墙
粗糙面
预制外墙板

钢筋混凝土现浇外墙
后塞保温块（A级）
发泡聚乙烯棒
建筑耐候胶

图 13.3.1-5　竖直缝防水构造

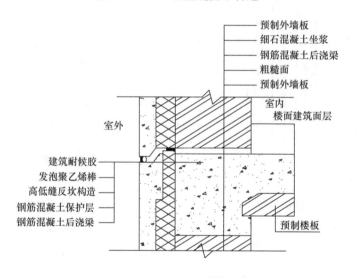

预制外墙板
细石混凝土坐浆
钢筋混凝土后浇梁
粗糙面
预制外墙板

室内
楼面建筑面层

室外

建筑耐候胶
发泡聚乙烯棒
高低缝反坎构造
钢筋混凝土保护层
钢筋混凝土后浇梁

预制楼板

图 13.3.1-6　水平缝防水构造

风险。

13.3.2　防水材料

防水材料宜选用耐候性密封胶，密封胶性能必须具备良好的抗位移能力、蠕变性、耐候性、耐久性、粘结性、防污性、涂装性、环保性。密封胶品种包括硅酮建筑密封胶（SR 胶）、聚氨酯建筑密封胶（PU 胶）及硅烷改性聚醚胶（SMP 胶也叫 MS 胶）。其中以 SMP 建筑密封胶综合性能最佳。通常，非暴露部位可使用低模量聚氨酯密封胶，而暴露使用的部位宜使用低模量 SMP 密封胶，硅酮密封胶虽然耐候性优良，但无法涂装，加上后期修补困难，使用较少。

硅酮胶（SR）是以聚二甲氧基硅氧烷为主要原料制备而成的密封胶，该密封胶具有优良的弹性，耐候性好，但是也有一些缺陷，如可涂饰性差。

聚氨酯胶（PU）是以聚氨酯预聚体为主要成为，该类密封胶具有较高的拉伸强度，优良的弹性，但是耐候性、耐碱、耐水性差，不能长期耐热而且单组分胶贮存稳定性受外界影响较大，高温热环境下使用可能产生气泡和裂纹。

硅烷改性聚醚密封胶（SMP）是以端硅烷基聚醚为基础聚合物制备而成的密封胶。该类产品具有优良的弹性、低污染性等特点，与混凝土板、石材等建筑材料粘结效果良好（表13.3.2）。

表13.3.2　密封胶性能表

名称		粘结性	弹性	耐候性	涂饰性
SR		好	好	很好	差
PU		好	好	一般	好
SMP		很好	好	好	好

背衬材料采用的聚乙烯泡沫棒是一种防水、绝热材料，具有以下优点：

1　耐酸、耐碱、盐、油等，耐老化性能优良。

2　高温时不流淌，低温时不脆裂。

3　密度小，回复率高，具有独立的气泡结构。

4　表面吸水率低，防渗透性能好。

13.3.3　防水施工

1　接缝嵌缝施工流程

表面清洁处理→底涂基础处理→背衬材料施工→胶枪施打密封胶→密封胶整平处理→板缝两侧外观清洁→成品保护

1）表面清洁处理

将外墙板缝表面应清洁至无尘、无污染或其他污染物的状态。表面如有油污可用溶剂（甲苯、汽油）擦洗干净。

2）底涂基层处理

为使密封胶与基层更有效粘结，施打前可先用专用的配套底涂料涂刷一道做基层处理（图 13.3.3-1）。

图 13.3.3-1　涂刷底涂料

3）背衬材料施工

密封胶施打前应事先用背衬材料填充过深的板缝，避免浪费密封胶，同时避免密封胶三面粘结，影响性能发挥（图 13.3.3-2～图13.3.3-4）。

4）施打密封胶

密封胶采用专用的手动挤压胶枪施打。将密封胶装配到手压式胶枪内，胶嘴应切成适当口径，口径尺寸与接缝尺寸相符，以便在挤胶时能控制在接缝内形成压力，避免空气带入。此外，密封胶施打时，应顺缝

图 13.3.3-2　背衬材料施工

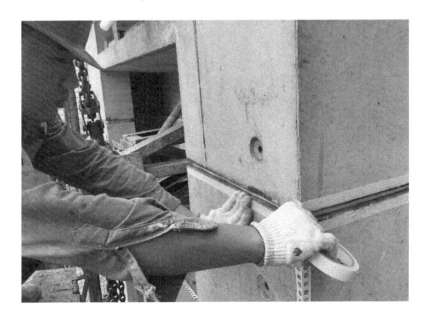

图 13.3.3-3　粘贴美纹纸

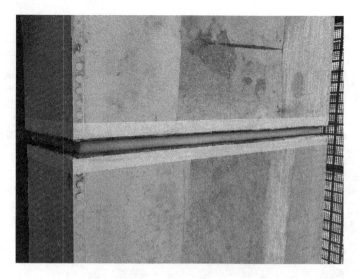

图 13.3.3-4　胶前状态

从下向上推，不要让密封胶在胶嘴堆积成珠或成堆。施打过的密封胶应完全填充接缝（图 13.3.3-5）。

图 13.3.3-5　施打密封胶

5）整平处理

密封胶施打完成后立即进行整平处理，用专用的圆形刮刀从上到下，顺缝刮平。其目的是整平密封胶外观，通过刮压，使密封胶与板缝基面接触更充分。

6）板缝两侧外观清洁

当施打密封胶时，假如密封胶溢出到两侧的外墙板时，应及时进行清查干净，以免影响外观（图 13.3.3-6）。

图 13.3.3-6　完成效果

7）成品保护

在完成接缝表面封胶后可采取相应的成品保护措施。

2　防水施工注意事项

1）外挂板现场进行吊装前，应检查止水条的牢固性和完整性，吊装过程应保护防水空腔、止水条、橡胶条与水平接缝等部位。

2）防水密封胶封堵前，应将板缝及空腔清理干净，保持干燥。

3）密封胶应在外墙板校核固定后嵌填，注胶宽度和厚度应满足设计要求。

4）"十"字接缝处密封胶封堵时应连续完成。

5）剪力墙结构后浇带应加强振捣，确保后浇混凝土的密实性。

6）密封材料嵌填应饱满密实、均应顺直、表面光滑连续。

7）吊装的衬底材料的埋置深度、在外墙板面以下 10mm 左右为宜。

13.3.4　防水质量验收

1　预制构件外墙板连接板缝的防水止水条，其品种、规格、性格等应符合现行国家产品标准和设计的要求。

检查数量：全数检查。

检验方法：检查产品的质量合格证明文件、检验报告和隐蔽验收记录。

2　外墙板接缝的防水性能应符合设计要求。

检查数量：按批检验。每 1000m² 外墙面积应划分为一个检验批，不足 1000m² 时也应划分为一个检验批；每个检验批每 100m² 应至少抽查一处，每处不得少于 10m²。

检查方法：检查现场淋水试验报告。

现场淋水试验应满足下列要求：淋水流量不应小于 5L/(m·min)，淋水试验时间不应小于 2h，检测区域不应有遗漏部位，淋水试验结束后，检查背水面有无渗漏。

13.4　信息化管理

13.4.1　一般规定

1　装配式混凝土建筑施工宜采用信息化管理平台、BIM 技术、互联网、物联网等信息化技术。

2　施工模型管理与应用参照现行国家标准《建筑信息模型施工应用标准》GB/T 51235 执行。

3　装配式混凝土建筑应采用 BIM 技术进行技术集成，实现建筑施工全过程的信息化管理。

4　采用 BIM 技术时，宜根据项目特点和参与各方 BIM 应用水平，确定项目 BIM 应用目标和应用范围。

13.4.2　策划与管理

1　装配式混凝土建筑项目宜根据项目特点、合约要求、各相关方 BIM 应用水平等，确定 BIM 应用目标和应用范围。

2   项目相关方应事先制定 BIM 应用策划，并遵照策划完成 BIM 应用管理。

3   装配式混凝土建筑施工 BIM 应用策划应与项目整体计划协调一致。

4   装配式混凝土建筑施工 BIM 应用宜明确 BIM 应用基础条件，建立与 BIM 应用配套的人员组织结构和软硬件环境。

5   施工策划

装配式混凝土建筑施工 BIM 的策划应包括下列主要内容：

1）工程概况；

2）编制依据；

3）预期目标和效益；

4）内容和范围；

5）人员组织和相应职责；

6）实施流程；

7）模型创建、使用和管理要求；

8）信息交换要求；

9）模型质量控制规则；

10）进度计划和模型交付要求；

11）基础技术条件要求，包括软硬件的选择，以及软件版本。

13.4.3   施工管理

1   各相关方应明确装配式混凝土建筑施工 BIM 的应用管理职责、技术要求、人员及设备配置、工作内容、岗位职责、工作进度等。

2   各相关方基于装配式混凝土建筑施工 BIM 的策划，建立定期沟通、协商会议等协同机制。

3   模型质量控制应包括下列内容：

1）浏览检查：保证模型反映工程实际。

2）信息核实：复核模型相关定义信息，并保证模型信息准确、可靠。

　　3）标准检查：检查模型是否符合相应的标准规定。

13.4.4　模型创建

　　1　深化设计模型。宜在施工图设计模型基础上，通过增加或细化模型元素创建。

　　2　施工模型。宜在施工图设计模型或深化设计模型基础上创建。按照工作分解结构和施工方法对模型元素进行必要的切分或合并处理，并在施工过程中对模型及模型元素动态附加或关联施工信息（图 13.4.4）。

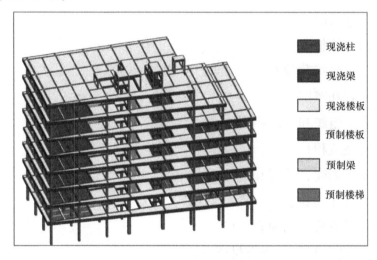

现浇柱

现浇梁

现浇楼板

预制楼板

预制梁

预制楼梯

图 13.4.4　整体结构模型

　　3　竣工模型。宜在施工过程模型基础上，根据项目竣工验收需求，通过增加或删除相关信息创建。

　　4　若发生设计变更，应相应修改施工模型相关模型元素及关联信息，并记录工程模型变更信息。

　　5　模型或模型元素的增加、细化、切分、合并、合模、集成等所有操作均应保证模型数据的正确性和完整性。

13.4.5　深化设计

　　1　装配式混凝土建筑结构、机电、幕墙、装饰装修等深化设计工作宜应用 BIM 技术。

2　深化设计应制定设计流程，确定模型校核方式、校核时间、修改时间、交付时间等。

3　深化设计图除应包括二维图外，也可包括必要的模型三维图（图 13.4.5-1～图 13.4.5-3）。

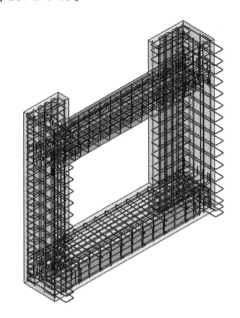

图 13.4.5-1　凸窗深化设计模型

图 13.4.5-2　楼梯深化设计模型

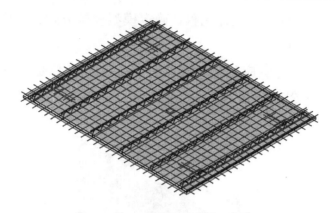

图 13.4.5-3　叠合板深化设计模型

4　结构深化设计

1）基于施工图设计模型或施工图、预制方案、施工工艺方案等创建深化设计模型，完成建筑、结构、机电、预制部分、构造节点的深化工作，输出工程量清单、平面布置图、节点深化图、构件深化图等（图 13.4.5-4）。

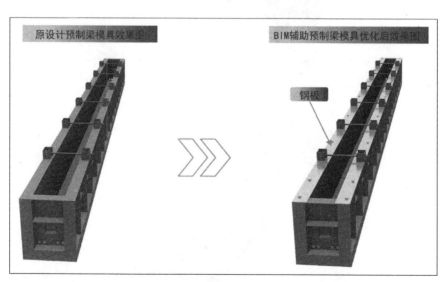

图 13.4.5-4　叠合梁企口优化（模板）模型

2）应用深化设计模型进行安装节点的碰撞检查、专业管线及预留预埋之间的碰撞检查、施工工艺的碰撞检查和安装可行性验证。

3）深化模型须考虑脚手架类型、模板体系、起重设备的布置方案等因素，综合考虑各专业分包之间的碰撞问题。

4）装配式混凝土建筑结构深化设计模型除包括施工图设计模型元素外，还应包括预埋件和预留孔洞、节点和临时安装措施等类型的模型元素。

5 机电深化设计

1）机电深化设计中的专业协调、管线综合、参数复核、支吊架设计、机电末端和预留预埋定位等工作应使用 BIM 技术。

2）机电深化设计的 BIM 模型，可基于施工图设计模型或建筑、结构和机电专业设计文件创建机电深化模型，完成机电多专业模型综合，校核系统合理性。

3）机电深化设计模型元素应在施工图设计模型元素基础上，有具体的尺寸、标高、定位和形状，并应补充必要的专业信息和产品信息。

4）机电深化设计的 BIM 模型交付成果应包括机电深化设计模型、碰撞检查分析报告、预留预埋深化图纸（图 13.4.5-5）。

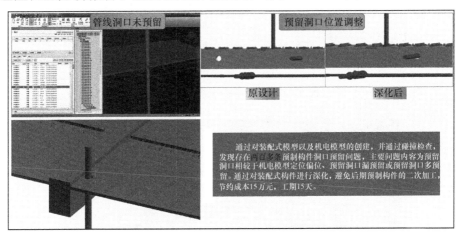

图 13.4.5-5 预制构件与机电管线碰撞检查

13.4.6 施工组织模拟

1 装配式混凝土建筑施工模拟前，应对项目中需要基于 BIM 技术进行模拟的重点和难点进行分析。

2 涉及施工难度大、复杂及采用新技术、新材料的施工组织和施工工艺应使用 BIM 技术。

　　3　施工组织模拟

　　1）施工组织中的工序安排、资源组织、平面布置工作应使用 BIM 技术。

　　2）工序模拟通过结合项目施工工作内容、工艺选择及配套资源等，明确工序间的搭接、穿插关系，优化项目工序组织安排。

　　3）平面组织模拟应结合施工进度安排，优化各施工阶段的塔吊布置、现场堆场布置及施工道路布置，满足施工需求的同时，避免塔吊碰撞、二次搬运、保证施工道路畅通等问题（图 13.4.6-1、图 13.4.6-2）。

图 13.4.6-1　塔吊覆盖范围分析

图 13.4.6-2　运输路线设计

13.4.7　施工工艺模拟

1　建筑施工中的土方工程、大型设备及构件安装（吊装、滑移、提升）、垂直运输、脚手架工程、模板工程、钢筋工程等施工工艺模拟应采用 BIM 技术（图 13.4.7）。

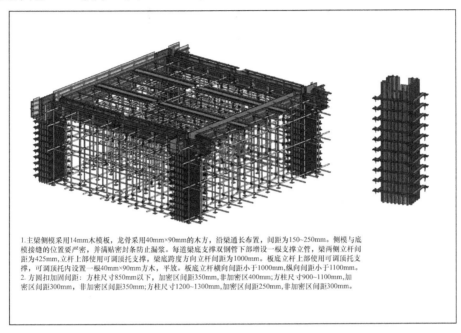

1.主梁侧模采用14mm木模板，龙骨采用40mm×90mm的木方，沿梁通长布置，间距为150~250mm。侧模与底模接缝的位置要严密，并满贴密封条防止漏浆。每道梁底支撑双钢管下部增加一根支撑立管，梁两侧立杆间距为425mm，立杆上部使用可调顶托支撑，梁底跨度方向立杆间距为1000mm。板底立杆上部使用可调顶托支撑，可调顶托内设置一根40mm×90mm方木，平放。板底立杆横向间距小于1000mm，纵向间距小于1100mm。
2.方圆扣加固间距：方柱尺寸850mm以下，加密区间距350mm，非加密区400mm；方柱尺寸900~1100mm，加密区间距300mm，非加密区间距350mm；方柱尺寸1200~1300mm，加密区间距250mm，非加密区间距300mm。

图 13.4.7　模板施工三维交底卡

2　装配式混凝土建筑 BIM 的施工工艺模拟，可基于施工组织模型和施工图创建施工工艺模型，并将工艺信息与模型关联。

3　装配式混凝土建筑 BIM 的施工工艺模拟前，应完成相关施工方案的编制，确认工艺流程及相关技术要求。

4　复杂节点施工工艺模拟可优化节点各构件尺寸、各构件之间的连接方式和空间要求，以及节点的施工顺序，并可进行可视化施工交底。

5　预制构件预拼装施工工艺模拟包括结构预制构件、机电预制构件、幕墙预制构件等，综合分析连接件定位、拼装部件之间的搭接方式、拼装工作空间要求及拼装顺序等因素，检验预制构件加工精度，并可进行可视化展示及施工交底。

主 要 参 考 文 献

［1］ 郭学明. 装配式混凝土建筑制作与施工［M］. 北京：机械工业出版社，2017.

［2］ 中建科技有限公司，中建装配式建筑设计研究院有限公司，中国建筑发展有限公司. 装配式混凝土建筑施工技术［M］. 北京：中国建筑工业出版社，2017.

［3］ 中国建设教育协会，远大住宅工业集团股份有限公司. 预制装配式建筑施工要点集 ［M］. 北京：中国建筑工业出版社，2018.

［4］ 刘海成，郑勇. 装配式剪力墙结构深化设计、构件制作与施工安装技术指南［M］. 北京：中国建筑工业出版社，2016.

［5］ 中华人民共和国住房和城乡建设部. 装配式混凝土建筑技术标准 GB/T 51231—2016 ［S］. 北京：中国建筑工业出版社，2016.

［6］ 中华人民共和国住房和城乡建设部. 装配式混凝土结构技术规程 JGJ 1—2014［S］. 北京：中国建筑工业出版社，2014.